Antonín Frič

# Der Elbelachs - eine biologisch-anatomische Studie

Antonín Frič

**Der Elbelachs - eine biologisch-anatomische Studie**

ISBN/EAN: 9783743642119

Hergestellt in Europa, USA, Kanada, Australien, Japan

Cover: Foto ©berggeist007 / pixelio.de

Weitere Bücher finden Sie auf **www.hansebooks.com**

# DER ELBELACHS

## EINE BIOLOGISCH-ANATOMISCHE STUDIE

VON

### PROF. DR. ANT. FRITSCH.

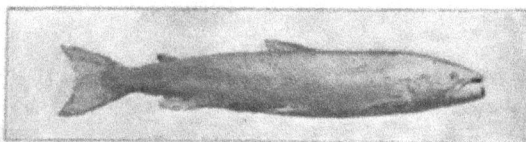

Mit 85 Textfiguren und 1 Farbendrucktafel.

VERÖFFENTLICHT MIT SUBVENTION DES HOHEN LANDTAGES DES KÖNIGREICHES BÖHMEN.

PRAG.
SELBSTVERLAG. — IN COMMISSION VON FR. ŘIVNÁČ.
1894.

Junger Lachs (Siruwilze)
Jn naturlicher Grosse nach dem Leben gemalt

# DER ELBELACHS

## EINE BIOLOGISCH-ANATOMISCHE STUDIE

VON

## PROF. DR. ANT. FRITSCH.

MIT VIELEN TEXTFIGUREN.

VERÖFFENTLICHT MIT SUBVENTION DES HOHEN LANDTAGES DES KÖNIGREICHES BÖHMEN.

PRAG.

SELBSTVERLAG. — IN COMMISSION VON FR. ŘIVNÁČ.

1893.

# VORWORT.

Die Veranlassung zum Studium der Lebensverhältnisse des Lachses gab mir der Umstand, dass ich als Sachverständiger zu den Berathungen über das vorbereitete Fischereigesetz beigezogen wurde und mir daselbst Fragen gestellt wurden, die weder ich noch jemand Anderer in Böhmen zu beantworten im Stande war. Ich erklärte, dass zur Erlangung der nöthigen Daten eine Untersuchungsreise längs der Flüsse Böhmens nöthig sei, und führte dieselbe auch wirklich mit Unterstützung der Regierung im Jahre 1870 durch.*)

Seit der Zeit war ich bemüht auf allen meinen Ausflügen und Reisen sowohl in Böhmen wie auch in den Elbeuferstaaten, die nöthigen Daten über die Lebensgeschichte des Lachses zu sammeln.

Auch forschte ich in alten Schriften nach Mittheilungen über den Lachs und werde weiter unten namentlich die sehr wichtigen Mittheilungen Balbin's anführen.

Je länger ich mich mit der gestellten Aufgabe befasste, desto mehr sah ich ein, dass das Verständniss der gesammelten Daten ohne ein gründliches Studium der biologischen und anatomischen Verhältnisse des Lachses unmöglich sei und machte wiederholt bei den Fischereiversammlungen in Berlin, Dresden und Wien Anträge, es mögen an mehreren Orten längs der Elbe bis nach Hamburg Beobachtungsstationen errichtet werden.

Endlich gelang es mir die Mittel zu einer auf drei Jahre geplanten Untersuchung der einheimischen Lachse zu beschaffen und ich gewann da-

---

*) Die Flussfischerei in Böhmen und ihre Beziehungen zur künstl. Fischzucht und zur Industrie. Archiv für Landesdurchforschung von Böhmen. Band II. 1871.

durch eine Reihe von neuen reelen Daten, welche in nachstehender Schrift benützt werden sollen und vorläufig in kurzen Berichten veröffentlicht wurden.*)

Der Inhalt des nachstehenden Buches zerfällt in zwei Theile, von denen der erste ein Bild des Lebens des Lachses von seinem Aufstieg aus dem Meere in den Fluss, seine Wanderung in das Quellgebiet zu den Laichplätzen, seine Jugendjahre und die Reise nach dem Meere schildert.

Der zweite Theil soll eine kurze Skizze des Baues des Lachskörpers, seiner Veränderungen nach den einzelnen Wachsthumsperioden nebst Notizen über die Function der Organe, über Nahrung und Parasiten etc. in leichtfasslicher Form geben.

Erwägungen über die Zukunft des Elbelachses und über die künstliche Zucht desselben schliessen das Buch.

PRAG, im Jänner 1893.

Dr. Ant. Fritsch.

---

*) Untersuchungen über die Biologie und Anatomie des Elbelachses. Mittheilungen des österr. Fischvereines Nro. 17. — Zweiter Bericht über die Untersuchungen der Biologie und Anatomie des Elbelachses. Daselbst. Heft 19. Dritter Bericht etc. Daselbst. Nro. 23.

# Geschichtliche Einleitung.

Die älteste Notiz über den Elbelachs ist gourmanischen Inhalts, indem ein Archiv die Bemerkung enthält, dass Kaiser Ferdinand im Jahre 1546 zur Hochzeit seiner Töchter, sich Lachse aus Leitmeritz bestellte.

Die älteste biologische Notiz über den Elbelachs findet sich bei Jonston *), welcher erzählt, dass derselbe in den Mulden-Fluss bei Dessau aufsteigt, dort die Hindernisse mit Sprüngen überwindet, oben dann die Eier auf steinige Plätze ablegt, wobei er metallene Farben annimmt und ihm der Unterkiefer in einen Haken auswächst.

Sehr ausführlich handelt Balbin in den *Miscellanaea Regni Bohemiae 1679* über den Lachs in Böhmen **) und ich gebe hier neben dem citierten Originaltexte eine auszugsweise Uebersetzung:

---

*) Johannis Jonstoni Thaumatographia naturalis in classes decem divisa. Editio secunda. Amsterodami 1633. Pag. 490. Caput XIX. De Salmone et Turdo. Salmo circa Coloniam bicubitalis apud Misenos et Dessaviae circa Albim fluvium majores a libris viginti quatuor usque ad triginta sex accedunt. In Helvetia circa Tigurum triginta sex librarum aliquando graviores capiuntur. Intestinum in eo in plures partes sicut in digitas dividi, ait Albertus. Gessnerus in dissecto à faucibus patulis duos se observasse meatus scribit, deorsum pratensos, unum ad ventriculum, quem aesophagum vocant, alterum anonymum. In Mulda fluvio si Praecipitium aquae, juxta Dessaviam secundo ac tertio frustra saltu superare conatus fuerit, vadum petit, eoque in loco sub lapidibus et saxis delitescens, emaciatur, aenei coloris maculis impletur, rostrumque in magnum hamum inflectit. In Scotia autumno rivulis plerumque aut locis vadosis coeuntes junctis ventribus ova pariunt, sabuloque contegunt, quo tempore masculus adeo lactibus, genitura, femina ovis exhausta est, ut nequicquam praeter ossa ac spinas pellemque supersit. Macies illa contagii loco habetur, cum obvias quascunque sui generis inticiant. Rei indicium, quod persaepe uno latere extenuati capiuntur, reliquo non ita. Ex ovis arena obrutis pisciculi invento vere nascuntur adeo molles, ut donec digiti magnitudinem non excesserint, manu compressi velut humor concretus diffluant. Tum primum natura duce ad mare pergunt viginti dierum spatio aut paulo majore, incredibile dictu, qualem in magnitudinem excrescant. Ibidem venientes ex mari flumine adverso, mirabile de se spectaculum praebent. Flumina enim hinc atque illinc angustis pressa rupibus, ac proinde veloci demissa cursu, ubi praerupto casu descendunt, non per canalem statim prodeunt, sed incurvatae undae impetu paululum per aëra feruntur, antequam cadant. Vivaces esse cordis extracti vivacitas ostendit. Testatur Robertus Constantinus, sese Basileae exenterati Salmonis cor, aquosa aspersum sanie, ultra diem vivere conspexisse.

**) Caput LII. (pag. 120). De Salmonum à Mari adventu, & itineribus per Fluvios Bohemiae. De Salmunculis, ubi nascuntur. — In Albi praecipuus Salmonum piscatus est vernis Mensibus:

6

„In der Elbe ist die Lachsfischerei besonders in den Frühlingsmonaten, wo der Lachs aus dem Meere bis nach Böhmen kommt und in die Nebenflüsse der Elbe aufsteigt. So in die Eger bis bei Doxan. In der Elbe bei Raudnitz und Melník, wo er die Moldau verkostet, worauf die dickeren, namentlich die Weibchen, in die Moldau ziehen, die gefährlichen Stellen bei Chwatierub (unweit Kralup) überwinden, dann durch Prag ziehen, von wo sie durch den Anblick der Brücke erschreckt, in die Beraun und Sazawa flüchten, viele in die Moldau bis Moldautein aufsteigen; die meisten aber in die Wottawa ziehen, dessen Wasser ihnen

Salmo ex mari, aquâ dulci invitante, per Albim adversum usquè in Bohemiam elnctatus, occurrentes sibi dextrâ laevâque fluvios fastidit, Albi suo usq; Litomericium immersus ; ad Doxanom post Litomericium, Egram quoque respuit, ut rarissimum fit, in Egra Salmonem capi; inde necessario itinere Raudnicium & Melnicium adnavigat ; ubi Muldavam sccurrentem degustarint, dividere agmina solent, & molliores, praecipuè faemellae, Muldavam tenent, fortiores plerumq; in Albi perseverant: ii rursus quibus Muldava praeplacuit, cum gravi periculo, in Chvatierub cataractas superare coguntur; nihil deinde Pragæ, quam mediam transeunt, aut Pontis aspectu deterriti, in Beraunkam & Sazavam impigunt, sed paucissimi ingrediuntur, denique recto semper cursu per Muldavam ascendentes, jam imminuti numero (nam à Piscatoribus undique petuntur & circumveniuntur) aut Tinam Muldavicam tenent, aut quod frequentius agitant, Wotavam petunt, tantâque est ejus fluminis gemmeipellacia, ut non modò Struelam, sed penè ad ipsum Sussicium, quasi ipsum Wotavae fontem exhausturi, pertendant; id peculiare habet Urbs Piseka (tantus est aquae illius amor, alveo commoditatem praebente!) quòd ad eam Urbem parvam prolem suam propagare non dubitent, Sirdliczky vocant, Salmunculus digitali longitudine, quos muriâ conditos, Piscenses amicis per Bohemiam muneri mittunt; hosce Salmunculus miro aquae marinae desiderio teneri piscatores affirmant, neque magnitudinem generi suo debitam implere, nisi mare gustarint, Itaque ut Majores eorum, ex Mari in flumina, Aquae svavitate trahi, ita hos secundis fluminibus in mare parentûm suorum veterem, & magnam patriam properare, ac postea iterum, magnitudinis suae jam conscios, reverti: caeteri in Muldava (nam Luznice fluvius illis obvius sordet) remanentes usquè ad caput & fontem Muldavae pervenire contendunt, semper imminuto numero, ad paucissimos, verius nullos, redacti; nam vix ullos redire ad mare, prolibus òt modò dixeram exceptis, constat. Eandem fortunam sentiunt, qui in Albi ludere perseverant; hinc faelix illorum captura in Albi (nam Gieram quamvis amoenissimum fluvium, tum Cydlinam, aliosque fluvios contemnunt) in Albi, in quam, ad Obrsistovi, ad Boleslaviam, ad Nimburgum, ad Podiebradiam, ad Reginohradecium capiuntur; Reginohradecii occurrente duplici fluvio Aquillâ penè omnes unâ sententiam mutant, & caeteris fluvii ipsoque Albi, quem tanto tempore biberant, retere nutritore suo, deserto, dextri teruntur, & Aquilam adamare incipiunt tantâ pertinatiâ, ut ad ipsum fontem Aquilae aspirent post Kostelcium, Wambergam, altero Aquila (ubi Orlice oppidum est) iterum relicto. Meminimus nostrâ aetate intra anni dimidii non ampliùs spatium, Kostelcii ad Aquilam septingentos aliquot magnitudine insignes retibus exceptos fuisse. Salmonibus pro tempore caro diversa est; nam primo Vere ciolarum, deinde cùm rosae florere coeperint rosarum colore tinguntur; ignavi saporis sunt, neque aliis piscibus praepollent, cùm pallent. In manuscriptis Codicibus ad Annum 1432. Salmonum tantam ad Reginohradecium copiam subito apparuisse perhibetur, ut Albi alveo quodammodo contineri non posse videretur, nec alterio ob alteros effugium daretur, sese mutuò velut in turba sit, impedientibus; itaque certatim Cives, aliique fluminis accolae securibus armati ad capturam decurrebant, & ferro necatos trahebant in ripam. Haec quae latè de Salmonibus attuli, mihi notissima sunt, ut qui Czastolovicii magnam pueritiae partem egerim ac Kostelcii postea, dum in Societatis esset ditione, capturis Salmonum frequentissimè adfuerim & praefuerim aliquando. — Jam et Auratas non omnes nostros fluvios consectari sed eos tantum, qui alveum saxosum habent incolere, omnium Piscatorum confessione, & ipsa experientiâ testante constant, quae superva caneum videtur prosequi, sed inde luce clarius patet, vel mutorum Piscium testimonio (quod nuper dicebam) Aquas nostras etiam saporum diversitate discerni. Satis jam de Salmonum piscatu.

so rusagt, dass sie darin bis Schüttenhofen vordringen, als wollten sie die Quellen derselben austrinken.

Bei Pisek findet man deren Brut, welche Strdličky genannt und vielfach marinirt versendet wird.

Die jungen Lachse ziehen in das Meer, um dann, wenn sie erwachsen sind, wieder in die Flüsse zu wandern. In ähnlicher Weise ziehen sie in die Elbe, die Iser und Cidlina unbeachtet lassend und werden bei Obřistvi, Bunzlau, Nymburg, Poděbrad und Königgrätz gefangen. Hier verlassen sie die Elbe, welche sie so lange genährt hat und ziehen in die Adler bis zu deren Quellen. Ich erinnere mich, dass bei Kostelec an der Adler bis 700 Stück von bedeutender Grösse gefangen wurden. Die Lachse haben je nach der Zeit verschiedenes Fleisch, das im Frühjahre Feilchenfarbe, im Sommer diejenige der Rosen besitzt, wenn das Fleisch später blass wird, hat es geringen Werth und ist ohne Geschmack."

In den alten Gedenkbüchern aus dem Jahre 1432 erzählt man, dass be Königgrätz eine solche Menge Lachse sich einstellte, dass sie das Flussbett nicht fassen konnte."

Wie man sieht, kannte Balbin schon die Hauptrisse der Lebensgeschichtei des Lachses und es ist zu verwundern, wie später alles in Vergessenheit gerieth, so dass ich erst nach langer Mühe eines jungen Salmlings habhaft wurde.

In den neueren Schriften über die Fische von Mitteleuropa von Häckel und Knerr, sowie von Siebold findet man bloss kurze allgemeine und zum Theil unsichere Angaben, die meist den Rheinlachs betreffen oder in Beziehung auf Lebenserscheinungen nach den Beobachtungen an den Lachsen Englands erzählt werden. Häckel und Knerr führen noch das alte Männchen als eigene Art Salmo hamatus Cuv. an.

Mein Interesse für den Lachs wurde zuerst durch den Kopf eines grossen Hackenlachses geweckt, welchen der Delicatessenhändler Chlumecký in den 50ger Jahren dem Museum zum Geschenk machte. Der erste Versuch einen jungen Lachs zu erhalten, wurde von mir im Jahre 1870 in Horaždovic gemacht, wo ich von dem greisen Fischer Žahour manches über das Leben des Lachses erfuhr und auch versichert wurde, dass daselbst die Salmlinge im Wottawaflusse vorkommen — aber ich erhielt keinen. Ein Jahr später wiederholte ich den Versuch in Schüttenhofen und da erblickte ich zum erstenmale den frisch gefangenen Salmling, den mir Herr *Josef Markuci* unter dem Namen *Strdlice* überbrachte.

Seit der Zeit sammelte ich allmählig auf den im Auftrage des Comités für Landesdurchforschung unternommenen geologischen Excursionen, die Daten über die Verbreitung der Salmlinge in den Flüssen Böhmens, über die Laichzeit und die Laichplätze des alten Lachses, über Fang etc. Viele von diesen Erfahrungen fanden ihre Veröffentlichung auf der Fischereikarte, die ich mit Unterstützung des hohen Landtages und des Comité's für Landesdurchforschung veröffentlichte.*)

---

*) Fischereikarte des Königreiches Böhmen nebst erläuterndem Texte. 1888. Selbstverlag. In Commission von Fr. Řivnáč. Preis 3 fl.

Im Frühjahre 1871 unternahm ich im Auftrage des Ackerbauministeriums eine Reise nach den Elbeuferstaaten, um namentlich sicherzustellen, in welcher Weise dort der Lachsfang betrieben wird. Das Resultat veröffentlichte ich im Archive für Landesdurchforschung Böhmens.*)

Das wichtigste Resultat dieser Reise war die Constatirung, dass die bei uns verbreitete Vorstellung von angeblich in Dresden und Dessau bestehenden Lachsfangapparaten an der Elbe in das Bereich der Fabeln gehört.

In den folgenden Jahren anatomirte ich gelegentlich einen Lachsen, machte mir verschiedene Notizen über dessen Leben, aber alles war zu sehr fragmentarisch und ungenügend, um als Grundlage einer neuen Bearbeitung des Lachses dienen zu können. Aus diesem Grunde stellte ich wiederholt den Antrag, es mögen die biologischen Untersuchungen über den Elbelachs ganz systematisch in Angriff genommen werden, und that dies auch auf dem Fischereicongress in Dresden. In Folge meines an das hohe k. k. Ackerbauministerium über letztere Versammlung gerichteten Berichtes gestattete dasselbe, dass die beantragten Untersuchungen eingeleitet werden, und dass ein Theil der nöthigen Kosten aus den dem Landesculturrathe zur Disposition stehenden Mitteln diesem Zwecke zugewiesen werde. Einen Theil der Kosten bewilligte der hohe Landesausschuss des Königreiches Böhmen, so dass im Ganzen 500 fl. zur Deckung der Barauslagen zur Disposition in Aussicht standen.

Das von mir verlangte Verwendungspräliminare stellte ich nachfolgend zusammen:

Untersuchung von 25 Salmlingen . . . . . . . . 50 fl.
„ „ 12 Laichlachsen . . . . . . . 120 „
„ „ einigen Vollachsen . . . . . . 120 „
Abgüsse, Zeichnungen und Remuneration des Assistenten 70 „
Bereisung der Wottawa . . . . . . . . . . 140 „
                                        500 fl.

Unter denselben Verhältnissen wurden die Untersuchungen in den folgenden zwei Jahren durchgeführt, im Jahre 1885 die Elbe und die Adler, im Jahre 1886 die Eger bereist. Im ganzen wurden in diesen drei Jahren 245 Stück Lachse verschiedenen Alters untersucht, worüber weiter unten ausführlich berichtet werden wird.

Durch die eben erwähnten planmässig durch drei Jahre gemachten Untersuchungen beschaffte ich eine grosse Reihe von neuen Beobachtungen, welche in nachfolgenden Verwendung finden werden.

---

*) Flussfischerei pag. 36. Bericht über die Bereisung der Elbeuferstaaten behufs des Studiums der Fischereiverhältnisse.

# Kurze Uebersicht der Lebensgeschichte des Elbelachses.

## I. Das Leben im Meere.

Vom Leben des Elbelachses im Meere, in seiner eigentlichen Heimat, wo er gross und kräftig wird, wissen wir so gut wie gar nichts, denn an der Mündung der Elbe im offenen Meere wird sein Fang nicht betrieben und wir können nur nach der Analogie mit dem baltischen Lachse schliessen, dass er sich im Meere von Häringen, jungen Aalen, dann von Amodytes tobianus etc. nährt. Es ist mir nicht bekannt, dass bei einem an der Elbemündung gefangenen Lachse der Mageninhalt untersucht worden wäre.

Wir wissen auch nicht, ob er im Meere nahe an der Flussmündung bleibt, oder weiter hinaus zieht; wir wissen auch nicht, ob er wieder in denselben Fluss zurückkehrt, in dem er geboren ist, wie es nach den in England durchgeführten Versuchen wahrscheinlich ist. Zur Sicherstellung dieser Thatsachen müsste eine wiederholte Markirung von jungen und alten nach dem Meere zurückkehrenden Lachsen vorgenommen werden, was eine kostspielige Sache ist, welche sich nur Amerikaner erlauben dürfen, welche kürzlich 3000 gefangene Lachse mit Marken versehen, wieder in den Columbiafluss freiliessen, um ihr weiteres Schicksal verfolgen zu können.

Auf eine ganz eigenthümliche Art erfuhren wir, wer im Meere sein Feind ist, und zwar nach einem Parasiten, der in seinem Magen gefunden wurde. Es sind dies die Jugendformen des vierrüssligen Bandwurms *Tetrarhynchus*, der erfahrungsgemäss nur in Haien und Rochen lebt. Da aber in der Nordsee unweit der Elbemündung nur kleine Haifische vorkommen, so sind nur zwei Fälle möglich: entweder wandern die Lachse weit ins Meer hinaus und werden dort die Beute grosser Haifische, oder werden die abgemagerten ausgelaichten aus dem Flusse ins Meer zurückgekehrten Lachse von kleinen Haifischen zerrissen und stückweise verzehrt, wobei durch das Verschlucken der Eingeweide des Lachses der junge Tetrarhynchus in den Darmkanal des Haies kömmt, um dort zu einem ansehnlichen Bandwurm heranzuwachsen. (Vergl. weiter unten das Capitel „über die Parasiten des Lachses".)

## II. Der Zug des Elbelachses nach den Laichplätzen.

In der Regel beginnt der Elbelachs schon im Jänner an der Mündung der Elbe stromaufwärts zu ziehen und wurden zum Beispiel im Jahre 1882 drei Lachse bereits im Jänner bei Hamburg gefangen. In weichen Wintern sollen nach Dr. Voigt Lachse schon zu Weihnachten unterhalb Hamburg den Zug antreten.

Vom Februar bis Ende Mai dauert dann dieser erste Zug der Lachse. Dieselben finden nun den Weg bis nach Böhmen offen und der ganzen Elbe entlang bis ins Centrum von Böhmen ist kein Wehr oder eine Fangvorrichtung vorhanden. Bei den Frühjahrshochwässern hätte er Gelegenheit über alle Wehren direkt zu den Laichplätzen zu ziehen — aber er thut es nicht, sondern lagert an gewissen Stellen der Ströme ein und zieht erst zu einer bestimmten Zeit weiter stromaufwärts. Die Fischer behaupten, dass ihm das Wasser noch zu kalt ist und dass er weiter oben noch Schneewasser spürt.

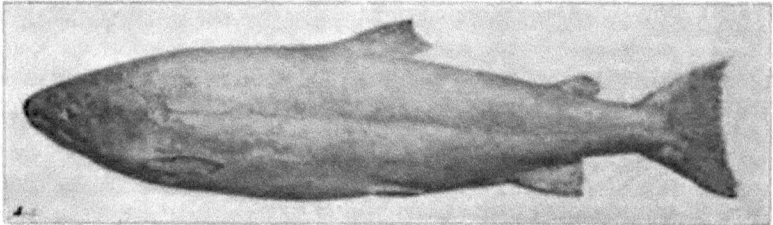

**Der Volllachs.**
Ein eben aus dem Meere angelangtes Weibchen im März bei Leitmeritz gefangen.
$^1/_{10}$ natürliche Grösse. Gewicht 12 Ko.

In Böhmen sind solche Lagerstätten vorerst bei Leitmeritz, und zwar war eine solche einst den Fischern wohl bekannt, in einem Seitenarm der Elbe, welcher gegenwärtig durch Navigationsbauten vom Hauptfluss abgeschnitten erscheint.

Das Vorrücken des Lachszuges in der Elbe und Adler lässt sich durch folgende Daten des ersten Fanges andeuten.

### An der Elbe:

| Leitmeritz | Obřistvi | Elbeteinitz | Opatovic | Kostelec | Senftenberg Čihák |
|---|---|---|---|---|---|
| 1. Feber | Feber | 12. Mai | 2. Juni | September | Oktober. |

(Vergleiche Flussfischerei pag. 8.)

### An der Moldau-Wattawa:

| Leitmeritz | Prag | Horažďovic | Schüttenhofen Langendorf |
|---|---|---|---|
| Feber | März | Juni | Juni — Juli |

An der oberen Moldau bei Hohenfurth werden die Lachse erst im Oktober beobachtet.

Auf das frühere oder spätere Eintreffen des Lachszuges hat die Strenge des Winters sicher grossen Einfluss und namentlich scheint der Eisstoss abgewartet zu werden, wenn auch einzelne Ungeduldige schon unter dem Eise bis Leitmeritz und sogar bis Prag vordringen. Dies alles bezieht sich auf den ersten Zug, der grosse 10 bis 15 K. schwere silberweise Fische enthält. Die Ursache, warum die Fische dieses Zuges zuerst in Böhmen eintreffen, kann verschieden sein. Vielleicht ist es ihre grössere Muskelkraft, die es ihnen ermöglicht, die lange Reise rascher zu vollziehen als es die kleineren Fische vermögen, welche in den zwei späteren Zügen nachkommen, oder könnte die Ursache darin liegen, dass sie einer Generation angehören, welche eben von ähnlich kräftigen Fischen abstammt und sich in besonders günstigen Zeit- und Temperaturverhältnissen entwickelt hat.

Der zweite Zug von mittelgrossen Fischen von 4 bis 6 K. trifft im Mai ein und dauert bis Ende Juni und was nicht gefangen wird, lagert auch ein und wartet den Herbst ab.

Ein eigenthümlicher Zug von halbwüchsigen Männchen von etwa 2 K. trifft im August ein und wird von den Fischern *Bartholomaeus-Lachs* genannt. Da zu dieser Zeit meist niedriger Wasserstand ist, so werden diese wunderhübsch gefärbten Lachse fast alle in Prag weggefangen.

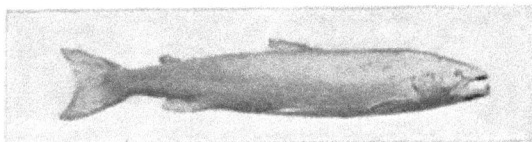

**Der Bartholomaeus-Lachs.**
Ein im August in Prag gefangenes Männchen.
$^1/_{10}$ der natürl. Grösse. Gewicht 2·20 Ko.

Der dritte Zug der Lachse wird im Oktober beobachtet. Dieser umfasst Lachse verschiedener Grösse. Dies sind nicht etwa fris... aus dem Meere eingelangte, sondern die mit dem ersten und zweiten Zuge angekommenen und in verschiedenen Partien der Flüsse eingelagert gewesenen Fische, welche nun alle endlich an die Laichplätze gelangen wollen und durch die kühlen Herbstwässer in das Quellgebiet der Flüsse gelockt werden.

## III. Auf den Laichplätzen.

Die wenigen glücklichen, die auf die Laichplätze gelangen, beginnen Ende Oktober ihre Laichgruben anzulegen. Das Weibchen sucht seichte Fluss- oder Bachstellen auf, die kaum $^1/_2$ m tief sind und mässig strömendes Wasser führen. Hier wirft das Weibchen durch Seitenbewegungen des Körpers die grösseren Steine zur Seite, so dass dadurch eine an 2 m lange, etwa 1 m breite ovale Grube entsteht.

Das Weibchen versucht die Anlegung der Laichgrube an mehreren Plätzen; 5 bis 8 Laichgruben findet man in Bereichen, wo nur 1 Lachsweibchen vorhanden ist. Es ist bisher nicht sicher, ob später alle diese Lachsgruben abwechselnd benützt werden oder ob nur eine bevorzugt wird.

Als Beginn des Laichgeschäftes bezeichnen die Fischer den 22. October (Heilige Kordula), aber die eigentliche Geschlechtsreife fällt bei den meisten Lachsen in die zweite Hälfte des November. Nach Schilderung der verlässlichsten zwei Fischer Markuci und Bauer ist der Vorgang der Paarung folgender:

Zu dem auf der Laichgrube liegenden, mit dem Kopfe an einen grösseren Stein gelehnten Weibchen, kömmt in den Früh- und Abendstunden das Männchen, stellt sich mit dem Kopfe in die Nähe der Genitalöffnung des Weibchens; sobald dieses durch die Nähe des Männchens gereizt, etwas Eier auslässt — schiesst das Männchen, dessen Seiten streifend nach vorne, wobei es die Milch in Menge loslässt. Es stellt sich dann etwa einen Meter vor das Weibchen und lässt allmählig die Milch fliessen auf die jetzt im Strome aus dem Weibchen austretenden Eier, welche durch die Seitenbewegungen des Schwanzes mit Sand und Gerölle verdeckt werden.

Die Eier werden nicht auf einmal entleert, sondern nach und nach und man trifft Exemplare, die noch im Dezember und Jänner ziemlich viel Eier im Leibe haben. Möglich, dass dies Weibchen sind, welche vergebens auf die Ankunft eines Männchens gewartet haben.

## IV. Das Leben der Salmlinge (Struwitzen).

Die Entwickelung der in die Gebirgswässer gelegten Eier soll sehr langsam vor sich gehen und das Ausschlüpfen erst im Mai vor sich gehen. Es ist dies von der Temperatur des Wassers abhängig, welche unter dem Eise trotz der hier vorkommenden Beimischung von Quellwasser kaum mehr als 1 oder 2° R. hat. Das späte Ausschlüpfen der Fischchen hat den Vortheil, dass sie zur Zeit, wo sie nach Nahrung zu suchen anfangen, auch wirklich deren hinreichend im Wasser finden. —

Die etwas erwachsenen Fischchen halten sich in der Mitte des Stromes hinter Steinen auf, über welche das Wasser wirbelt. Bis zum August erlangen sie eine Länge von 40 bis 50 mm. Was mit den jungen Fischen weiter hin geschieht, ist nur theilweise bekannt.

Der alte Fischer Žahour behauptete, dass die meisten schon mit den Frühjahrs- oder Sommerhochwässern nach dem Meere gehen und nur ein kleiner Theil zurückbleibt, um zu den sogenannten Struwitzen heranzuwachsen.

Ich würde dieser Aussage gar nicht erwähnen, wenn eine andere Thatsache uns nicht mahnen würde, dass wir noch sehr weit von der genauen Kenntniss der Lebensgeschichte des Lachses entfernt sind. Es sind nämlich unter den bei uns spannenlang gewordenen Struwitzen kaum 2 bis 3% Weibchen!

Sind vielleicht die Weibchen früher ins Meer gegangen als die Männchen?

Von den zurückgebliebenen Salmlingen werden die meisten bis zum nächsten Sommer 15 cm lang. Ein Theil derselben ist 20 cm lang und wir wissen nicht gewiss, ob dies nur stärkere Individuen desselben Jahrganges sind oder ob dies um ein Jahr ältere Salmlinge sind.

Grosse bis 28 cm lange Salmlinge, die als Seltenheit zwischen Horaždovic und Schüttenhofen gefangen werden, dürften darauf hindeuten, dass einzelne auch noch ein drittes Jahr bei uns bleiben.

Sehr eigenthümlich ist das Verschwinden der Struwitzen im Winter, denn selbst bei eisfreiem Flusse ist keine einzige zu erblicken, nur die Forelle und die Ellritze wird bemerkt. Sie haben sich wahrscheinlich schaarenweise in tiefe Tümpeln zurückgezogen.

Nach dem Eisgange wimmelt von ihnen wieder der ganze Fluss und nun ziehen die meisten nach dem Meere. In Prag fällt der Hauptzug der Salmlinge nach dem Meere in den Juni, an der Elbe in den Mai.

In Elbeteinitz wurden von meinem Freunde *Ferd. Perner* auch genaue Aufzeichnungen über die nach dem Meere ziehenden Salmlinge gemacht, die weiter unten detailirt angegeben werden sollen.

Schliesslich gehen alle jungen Lachse, Salmlinge (Struwitzen), ins Meer noch bevor sie eine Länge von 30 cm erreicht haben.

Einen Lachs von 30 bis 40 cm Länge hat noch nie Jemand in Böhmen gefangen — weil er zu dieser Zeit, wo er diese Länge besitzt, nicht in Böhmen, sondern im Meere sich aufhält. Wie lange es dauert, bevor er wieder in den Fluss steigt, wissen wir nicht sicher, da dies nur durch Markirung einer grossen Anzahl sichergestellt werden könnte.

## V. Das Schicksal des ausgelaichten Lachses.

Das Weibchen wird von dem Brutgeschäft sehr stark mitgenommen, ist ganz abgemagert und fängt an Nahrung zu suchen. Frisst Phryganaeen-Larven und selbst ihre eigene Brut die Salmlinge, um sich auf die Reise nach dem Meere zu stärken. Es fängt auch an ein silberiges Kleid anzulegen, welches vom Kopfe aus sich nach hinten zu entwickeln beginnt. Es ist mir gelungen nachzuweisen, dass die ausgelaichten Weibchen bis zum März, ja sogar bis Mai im Flusse bleiben und in deren leerem Eierstock sich schon wieder neue Eier bilden.

Es ist ziemlich unwahrscheinlich, dass diese Fische noch in diesem Jahre bis zum Herbste sich so erholen sollten, dass sie wieder zum Laichen in den Fluss kämen, eher ist anzunehmen, dass sie erst nach einem Jahre wieder die Wanderung auf die Laichstätten antreten.

Erwiesen ist es keinesfalls, dass der Lachs mehrmal laicht und kann dies einmal nur durch Markirung der abgelaichten Stücke geschehen, welche dann wieder erkannt werden möchten, wenn sie zum zweitenmale kommen. Zur Durchführung solcher Versuche müssten namhafte Mittel zur Disposition stehen und auch dazu Persönlichkeiten designirt werden, welche sich der Lachsangelegenheit vollkommen widmen könnten.

Vielfach hörte ich erzählen, dass die ausgelaichten erschöpften Lachsweibchen (böhm. Tulák = Vagabund) todt aufgefunden wurden, hatte aber nicht Gelegenheit ähnliche Stücke zu untersuchen.

Das Männchen scheint von dem Laichgeschäfte weniger angegriffen zu werden und schon um Weihnachten kommen dergleichen auf den Markt, die bei weitem nicht so abgemagert sind wie die Weibchen.

**Abgelaichtes Lachsweibchen** im Dezember gefangen, nachdem es mehr als ein Jahr ohne Nahrung im Flusse verbracht hat. $^1/_{10}$ natürl. Grösse. Gewicht 5·50 Ko.

Was mit dem abgelaichten Lachse geschieht, wenn er wieder in seiner Heimat dem Meere angelangt ist, wissen wir nicht, aber es ist Hoffnung, dass die biologische Station auf Helgoland Gelegenheit finden wird, hierüber Aufschluss zu geben.

Das Springen der Lachse an der oberen Wehr bei Adlerkosteletz.

# Specielle Untersuchungen
## über den Zug, Fang und die Laichplätze des Elbelachses.

Im vorangehenden versuchte ich es den Zug des Lachses kurz mit Weglassung von allem Detail zu schildern, um das Bild übersichtlich zu machen. Ich trete nun zur Zusammenstellung der speciellen Verhältnisse, welche man an der Elbe und ihren Zuflüssen beobachtet hat.

### Fang unterhalb und bei Hamburg.

Die hier folgenden Angaben stammen zum Theil aus dem Artikel des Dr. F. Voigt in den Hamburger Nachrichten (vom 20. August 1886, Abendausgabe), sowie aus schriftlichen und mündlichen Mittheilungen des königl. Fischmeisters Herrn Decker in Altona.

Im Hauptstrom der Elbe unterhalb Hamburg ward Fischerei speciell auf Lachs bis zum Jahre 1886 gar nicht betrieben und nur gelegentlich wurde einer in die Störnetze gefangen. Im genannten Jahre sind bei Finkenwerder mindestens 400 Stück gefangen worden.

Ueber die Ergebnisse der Lachsfischerei in der nächsten Umgebung Hamburgs und stromaufwärts bis Lauenburg liegen Daten aus dem vorigen Jahrhunderte vor. Die sogenannten Königsfischer haben abgeliefert:

| | | | | | | |
|---|---|---|---|---|---|---|
| im Jahre 1751—1760 | 1.516 Stück Lachse, | Gewicht | 24.428 | Pfund |
| „ „ 1761—1770 | 484 „ „ | „ | 8.587½ | „ |
| „ „ 1771—1780 | 1.730 „ „ | - | 30.543½ | „ |
| „ „ 1781—1790 | 564 „ „ | „ | 11.257 | „ |
| „ „ 1791—1800 | 342 „ „ | „ | 6.894½ | „ |
| „ „ 1801—1810 | 227 „ „ | „ | 3.546 | „ |

4.863 Stück Lachse, Gewicht 85.255¹, Pfund.

Demnach kamen während 59 Jahren im Durchschnitte 82 Stück Lachse per Jahr zur Ablieferung.

Das Durchschnittsgewicht der Fische betrug 17½ Pfund.

Zur Beurtheilung der Schwankungen in der Anzahl der gefangenen Lachse mag folgendes dienen:

Im Jahre 1760 wurden gefangen . . . . . 393 Stück
    „    „    1776   „       „     . . . . . 688  „
    „    „    1758   „       „     . . . . .  26  „
    „    „    1789   „       „     . . . . .   4  „
    „    „    1796   „       „     . . . . .   —  „
    „    „    1799   „       „     . . . . .   1  „

Die Hauptursache dieses Schwankens mag in dem Umstande liegen, ob in dem entsprechenden Turnus vor den ergiebigen Jahren z. B. 5 Jahre vor 1776, die in die Elbe gezogenen Lachse glücklich die Laichplätze erreichten und gut ausgelaicht haben. Die mageren Jahre mögen dagegen davon herrühren, dass z. B. 5 Jahre vor dem Jahre 1796 alle in die Elbe gezogenen Lachse abgefangen worden sind, demnach keine Generation entstand, welche nach 5 Jahren hat aus dem Meere kommen sollen. Demzufolge war das Fangresultat gleich 0.

Hoher Wasserstand zur Fangzeit, Seehunde oder sociale Verhältnisse, welche zum Fischen keine Zeit liessen, mögen mit auf die Fangresultate Einfluss gehabt haben.

Der Hauptlachsfang bei Hamburg wird im sogenannten *Köhlbrandt* einem Seitenarm der Elbe bei Altona betrieben. (Die einstmal als bedeutend geschilderte Lachsfischerei im nahen kleineren Elbearm „Köhlfleet", hat wegen dessen Versandung aufgehört.)

Ein Bild der Ergebnisse des dortigen Lachsfanges gibt folgende Zusammenstellung:

| | | |
|---|---|---|
| 1874 . . . . . . . . . . 200 | 1882 Jänner . . . . . 3 | |
| 1875 . . . . . . . . . . 198 | Februar . . . . 28 | |
| 1876 . . . . . . . . . . 201 | März . . . . . . 27 | |
| 1877 . . . . . . . . . . 180 | April . . . . . . 34 | 148 |
| 1878 . . . . . . . . . . 186 | Mai . . . . . . 37 | |
| | Juni . . . . . . 17 | |
| | Juli . . . . . . 2 | |
| 1879 März . . . . . . 9 | 1883 Februar . . . . . 25 | |
| April . . . . . . 17 | März . . . . . . 20 | |
| Mai . . . . . . 27 — 67 | April . . . . . . 42 | 117 |
| Juni . . . . . . 11 | Mai . . . . . . 21 | |
| Juli . . . . . . 3 | Juni . . . . . . 9 | |
| | 1884 In Folge der Dampf- | |
| 1880 März . . . . . . 5 | baggerung nur Mai . 29 | 44 |
| April . . . . . . 11 | Juni . . . . . . 15 | |
| Mai . . . . . . 29 — 77 | 1885 Februar . . . . . 11 | |
| Juni . . . . . . 30 | März . . . . . . 103 | |
| Juli . . . . . . 2 | April . . . . . 79 | 447 |
| | Mai . . . . . 218 | |
| 1881 April . . . . . 88 | Juni . . . . . . 36 | |
| Mai . . . . . 133 — 295 | 1886 März . . . . . . 6 | |
| Juni . . . . . . 63 | April . . . . . 102 | 235 |
| Juli . . . . . . 11 | Mai . . . . . . 127 | |

(Bis gegen Ende März konnte wegen Treibeis nicht gefischt werden.)

Ausser dieser seit 1881 stetig wachsenden Zahl der bei Köhlbrandt gefangenen Lachse, wird nach Aussage des Fischmeisters Decker eine bedeutende Vermehrung der Lachse an der unteren Elbe beobachtet, wozu Dr. Voigt bemerkt: „Man darf annehmen, dass dieses Ergebniss den Erfolgen der Brut-kasten-Aufzucht junger Lachse in den oberen Flussgebieten zu verdanken ist."

Der Gesammtfang aller in etwa 13 Jahren von Lauenburg abwärts gefangenen Lachse stellt sich demnach auf etwa 23.950 Stück, daher 1842 Stück per Jahr heraus.

Weiter Elbe aufwärts findet in der Südenelbe unterhalb und oberhalb Harburgs Lachsfang statt, während bei und oberhalb Hamburg in der ganzen Nordenelbe bis zu dem Trennungspunkte beider Hauptelbarme nirgends Lachsfang betrieben wird und auch der örtlichen Verhältnisse wegen gar nicht betrieben werden kann.

## Oberhalb Hamburg.

In der ungetheilten Elbe wird oberhalb Hamburg überall auf Lachse gefischt, wo dazu geeignete Stellen sich finden; die Elbe ist in Fischreviere „Föhrden" getheilt. Ich erfuhr darüber bei meiner Bereisung im Jahre 1870 folgende fragmentäre Angaben: Bei Mühlborg in Preussen sollen jährlich 200 Stück gefangen werden, bei Magdeburg 20, bei Wittenberge 100—150 Stück. Von Hitzacker bis Hamburg sollen 7 Fischereien bestehen, von denen jede beiläufig 80 Stück jährlich fängt.

## In Sachsen.

Im Hauptstrome der Elbe wird hier der Lachs nur mit Zugnetzen gefangen und zwar sind es nur wenige Stellen, wo dies mit Erfolg durchgeführt werden kann.

Auf meiner Bereisung der Elbe im Jahre 1870 sammelte ich nachstehende Daten: In der Umgebung von Dresden wurden vor 10—15 Jahren noch circa 100 Stück Lachse gefangen; nimmt aber seitdem diese Zahl rapid ab: 1868 50 Stück, 1869 25 Stück, 1870 15 Stück. — Bei Meissen wurden früher jährlich an 300 Lachse gefangen, jetzt nur noch etwa 40 per Jahr.

Dies macht es wahrscheinlich, dass zu dieser Zeit der jährliche Fang in Sachsen kaum mehr als 100—150 Stück beträgt.

In neuerer Zeit veröffentlichte Prof. Nitsche[*]) drei Berichte über die Arbeiten der Sächsischen Lachsbeobachtungs-Stationen für die Jahre 1886, 87—88, aus welchen ich nachfolgende Daten über Lachsfang entnehme.

| In Sachsen wurden gefangen im Jahre . . | 1886 | 1887 | 1888 |
|---|---|---|---|
| Strehla . . . . . . . . . . . . . . | 56 | 34 | — |
| Spaar und Rehlok . . . . . . . . . | 34 | 26 | 22 |
| Sörnewitz . . . . . . . . . . . . . | 7 | 17 | — |

---

[*]) Schriften des sächsischen Fischereivereins.

| Niederwartha | 102 | 27 | 14 |
|---|---|---|---|
| Kaditz | 67 | 59 | — |
| Pirna = Rathen | 4 | 4 | 4 |
| Lachsbach | 21 | 8 | 51 |
| Zusammen | 291 | 175 | 91 |

Dies gibt eine Durchschnittszahl von 185 Stück, welche sehr gering erscheint und ungewöhnlich ungünstigen Fangverhältnissen zuzuschreiben ist.

Die oben versuchsweise angegebene Durchschnittszahl der in Sachsen jährlich gefangenen Lachse von 150—200 Stück wird der Wahrheit ziemlich nahe sein.

In Sachsen giebt es an der Elbe keine ständigen Vorrichtungen für den Lachsfang und das, was man darüber bei uns seit Jahren erzählt, gehört in das Bereich der Fabeln, welche dadurch entstanden sein mögen, dass an der Dresdner Brücke zur Zeit des Eisstosses an den Brückenöffnungen Netze herabgelassen werden, die zur Rettung etwaiger auf Eisschollen einhergeschwommener Menschen und Thiere bestimmt sind.

Bei ruhiger Erwägung muss jeder, der den regen Schiffahrtsverkehr an der Elbe in Sachsen kennt, sich selbst zugestehen, dass eine ständige über den Fluss aufgestellte Vorrichtung zum Lachsfang überhaupt nicht denkbar ist. Der Lachsfang innerhalb Sachsen wird bloss mit Zugnetzen in einer Art betrieben, welche von Prof. Nitsche nachstehend geschildert wird:

„Mit dem 60—140 m langen, eine glatte Netzwand bildenden Lachsnetze von 4 cm. Maschenweite beladener Kahn liegt am oberen Ende des Lachszuges. Hat der am Lande zurückbleibende Fischer die obere Leine und die kürzere Keule des oben mit Schwimmern, unten mit Senkern versehenen, an diesem Ende ungefähr 1·5 m breiten Netzes erfasst, so stösst der Kahn stromabwärts vom Ufer weg und das Netz gleitet allmälig in den Strom hinab. Ist auch sein anderes, etwa 2·5 m breites Ende gleichfalls hinabgesunken, so folgt der am Lande zurückgebliebene Fischer, das Netz treibt stromabwärts. Am Ende des Lachsfanges fährt der Kahn an das Ufer und das Netz wird nun von dem Uferfischer und der Bemannung des Kahnes gemeinsam an das Land gezogen."

### Der Zug und die Statistik des Fanges in Böhmen.

Man sollte erwarten, dass es mir gelungen wäre bei uns zu Hause die sichersten Daten über den Lachsfang zur sammeln, dies ist aber leider nicht der Fall, denn an den wichtigsten Puncten, an der Hetzinsel und am städtischen Lachsfang wurden mir Mittheilungen über den Fang aus Geschäftsrücksichten hartnäckig verweigert und selbst alte Daten aus der ersten Hälfte dieses Jahrhundertes nicht ausgefolgt.

Deshalb haben die von mir in Nachstehendem gegebenen Daten nur einen annähernd richtigen, meist beschränkten Werth.

Von der Landesgrenze, durch das Bereich der Sächsischen Schweiz und des Mittelgebirges bis nach Lobositz hin, wird auf Lachse nicht gefischt, einerseits wegen den steilen Ufern und dem steinigen Flussbette, andererseits wegen dem regen Schiffahrtsverkehr: Erst in der Gegend von *Leitmeritz*, namentlich bei Prossnitz wird mit Zugnetzen gefischt und lässt sich der jährliche Fang ungefähr auf 200 Stück abschätzen.

(Diese Zahl reicht hin, um die Sage aufzuklären, dass sich die Dienstboten in Leitmeritz ausbedungen haben, nicht mehr als zweimal wöchentlich Lachs essen zu müssen, denn zur Zeit, wo bei der mangelhaften Communication die gefangenen Lachse an Ort und Stelle auch gegessen werden mussten, ist die obige Angabe leicht erklärlich. Wenn heut zu Tage keine Eisenbahn und Dampfschiffversendung bestehen würde, hätte man mit dem Aufessen der 200 Lachse in Leitmeritz und nächster Umgebung eine genug harte Aufgabe. Übrigens gelang es mir nicht weder in Leitmeritz, noch in einem anderen Orte in Böhmen in den alten Gedenkbüchern die obige Lachsbedingung der Dienstboten zu finden, von der die Sage über Dresden, Magdeburg bis Hamburg geht.)

Bei Leitmeritz lagern die Lachse auf tiefen Stellen ein und warten die wärmere Jahreszeit ab, um dann in ihrer Reise fortzufahren.

Eine solche Ruhestätte war auch früher ein Arm der Elbe gegenüber von Leitmeritz, wo von Zeit zu Zeit sehr ergiebige Fänge gemacht wurden. Dieser Arm ist gegenwärtig vom Hauptstrom durch Navigationsbauten vollständig abgeschlossen.

Weiter stromaufwärts werden Lachse über Wegstädtel bis Melnik mit Zugnetzen gefangen und lässt sich deren Zahl annähernd auf 100 per Jahr abschätzen, was eher zu hoch als zu niedrig zu betrachten ist.

## Obere Elbe.

Hier sind wir an dem Punkt angelangt, wo sich die Elbe mit der Moldau vereinigt und wir wollen von hier ab die Elbe als die obere bezeichnen. Nun beginnen die zahlreichen Hindernisse, welche den Zug des Lachses hemmen und deren Schilderung müssen wir hier mit einflechten.

Das erste Hinderniss im Zuge findet der Elbelachs an dem Wehre bei Obristvi, welches bei niedrigem Wasserstand, wie er bei uns oft im Herbste eintritt, den Zug der Lachse vollständig aufzuhalten im Stande ist. Im Frühjahre hängt der Fang auch von dem Stande des Wassers ab, und würde selten ergiebig gewesen sein, wenn man nicht auf die Krone des Wehres Rechen gestellt hätte, welche noch bei einem Wasserstand von 30—40 cm über dem Wehre den Lachs im Zuge aufgehalten und in die Fallen am Schleussenthor geleitet hätten. (Die Aufstellung dieser Rechen ist als gesetzwidrig kürzlich Gegenstand eines Rechtsstreites gewesen und von nun an verboten.) Das Wehr ist 5½, m breit, unten 1 m hoch und steigt mit einer Neigung von 4°. Die Anbringung einer Lachsleiter würde hier keine Schwierigkeiten machen.

Ausser am Schleussenthor werden noch hier die Lachse in unterem Mühlgraben mit Zugnetzen gefangen, was besonders bei ganz niedrigem Wasserstande geschieht, wo fast das ganze Elbewasser auf die Mühle geleitet wird.

Hier in Obřistvi wurde seit Jahren der grösste Schaden am Lachsstande der Elbe ausgeübt, da hier die laichreifen Lachse im Oktober und November massenhaft abgefangen wurden.

Nun wird die Sache in zweifacher Richtung besser. Erstens hindert das neue Gesetz den Lachsfang im Herbste und so könnten die Lachse hier stromaufwärts passiren. Dies hat aber gegenwärtig keinen Werth, da sie nach Passirung

Das erste Wehr an der Elbe bei Obřistvi.

des Wehres bei Obřistvi noch zahlreiche andere Hindernisse finden, wie wir in nachstehendem sehen werden.

Zweitens wurden Vorkehrungen getroffen, dass man die hier gefangenen Laichlachse zur künstlichen Fischzucht ausnützt. Im Jahre 1886 und 1887 wurden frischbefruchtete Lachseier von hier nach Schüttenhofen gesandt und kamen daselbst mit etwa 30% Verlust zum Ausschlüpfen. Auch wurden reife Lachsweibchen nach den im Gebirge gelegenen Brutanstalten geschickt, deren Eier dort mit der Milch von Salmlingen oder mit der von Forellen befruchtet, was auch zum Theil gelang.

Jetzt kam es sogar zum Aufbau einer Bruthütte unweit Obřistvi, in welcher die Eier bis zum Erscheinen der Augenpunkte gepflegt werden sollen, um dann in die an den Quellen der Flüsse situirten Brutanstalten geschickt zu werden. Dadurch wird es nun gerade wünschenswerth, dass die Laichlachse zahlreich in Obřistvi gefangen werden, da ihre Nachkommenschaft in den Brutanstalten besser aufbewahrt sein wird, als wenn die im Herbste schon schwachen und wegen der starken Entwickelung der Genitalien schwerfälligen Laichlachse erst den langen Weg zu den natürlichen Brutplätzen antreten sollten.

Weiter stromaufwärts kömmt nun eine Reihe von Wehren, welche in ihrer Construction demjenigen von Obřistvi ähnlich sind. Es sind dies: Lobkovic, Brandeis, Nimburg, Kolin, Veletov, Elbeteinitz.

Das letztere kann als Beispiel angeführt werden, von welchem die übrigen unwesentlich abweichen. Es ist 8 m breit, 1·84 m hoch und hat eine Neigung von 10 Grad.

An allen diesen Wehren findet der Lachs ein Hinderniss im Zuge bloss bei niedrigem Wasserstande, wo das Schleussenthor geschlossen ist. Wo nicht im letzteren specielle Vorrichtungen zum Fang angebracht sind, da springt der Lachs meist von der Seite in das Gerinne oder in die Fischfalle, die unter dem Namen „Slup" bekannt ist. Dieselbe ist eigentlich an den Elbemühlen zum Fange der

Der Aalfang „Slupy" gesamt am rechten Ufer bei dem Wehr in Elbeteinitz.
(Das untere Ende aus dem Wasser gehoben.)

stromabwärts ziehenden Aale bestimmt, doch gelangen auch die Lachse und andere stromaufwärts ziehenden Fische hinein, indem sie von der Seite hineinspringen und dann von dem starken Wasserstrom in die Falle geworfen werden.

Das Bestehen dieser gesetzwidrigen aber von Rechtens nicht abschaffbaren Vorrichtungen wurde von den neuen Fischereiverordnungen nicht angetastet. Das Recht des Bestandes dieser Fischfallen stützt sich bloss auf langjährige Ausübung. In Elbeteinitz repräsentirt es wegen ausgiebigem Aalfang ein Kapital von vielen Tausend Gulden und müsste vom Mühlenbesitzer abgelöst werden. Meist bestehen solche Fallen an vielen Mühlen, ohne bücherlich verzeichnet zu sein und werden wohl bei energischer Durchführung des neuen definitiven Fischereigesetzes nicht lange geduldet werden.

An den meisten der genannten Wehren werden im Frühjahre, sobald der Wasserstand das Schliessen des Wehrdurchlasses erlaubt, Fangkörbe in dasselbe gelegt, wie wir sie weiter unten bei dem Prager Lachsfang näher beschreiben werden. An welchem von diesen Wehren in einem Jahre die meisten Lachse gefangen werden, hängt ganz von dem jeweiligen Wasserstande ab. Bei ganz niedrigem Wasser nimmt Obřistvi den Löwenantheil und würde man dort nicht genöthigt sein, wegen der Holzschwemme öfters das Schleussenthor zu öffnen, könnte man daselbst alle in die obere Elbe ziehenden Lachse abfangen, höchstens würden einige zum nächsten Wehr in Lobkovic gelangen und dort in die Fallen gerathen.

Ferdinand Perner, Mühlenbesitzer in Elbeteinitz. *)

Bei den im Frühjahre regelmässig eintreffenden Hochwässern ziehen die Lachse über die Wehren und durch die Schleussenthore ungehindert aufwärts und werden an den Wehren von Podiebrad bis Elbeteinitz erst dann gefangen, bis der Wasserstand es gestattet, das Schleussenthor mit Stangen oder Brettern zu schliessen und die Fangkörbe einzulegen. Dies ist z. B. der Fall in Elbeteinitz, wenn das Wasser am Normale steht.

## Statistik des Lachsfanges in Elbeteinitz.
### Mitgetheilt von Herrn Ferd. Perner.

| | | | |
|---|---:|---|---|
| 1873 . . . . . . . . . . . . | 233 Stück | Zum erstenmale wurden Fangkörbe im Schleussenthor angebracht. | |
| 1874 . . . . . . . . . . | 70 . | Schleussenthor 1. Mai geschlossen. | |
| 1875 . . . . . . . . . . . . | 116 . | Schleussenthor 4. Mai geschlossen. | |
| 1876 Mai . . . . . . . . | 91 | Schleussenthor 10. Mai geschlossen. | |
| Juni . . . . . . . . . | 23 | | |
| Juli . . . . . . . . . | 2 } 145 . | | |
| September . . . . . . | 10 | | |
| October . . . . . . . | 19 | | |

*) Meinem Freunde Herrn Perner bin ich für die Förderung meiner Studien über den Lachs vielfach zu Dank verbunden.

| | | | | |
|---|---|---|---|---|
| 1877 | April | 6 | | Schleussenthor 26. April geschlos. |
| | Mai | 30 | | Die Mühle am rechten Ufer ab- |
| | Juni | 29 | 69 „ | gebrannt. |
| | August | 1 | | |
| | September | 3 | | |
| 1878 | Mai | 30 | 35 „ | Schleussenthor 1. Mai geschlossen. |
| | Juni | 5 | | |
| 1879 | Juni | 4 | | |
| | Juli | 7 | 13 „ | |
| | August | 1 | | |
| 1880 | April | 3 | | Schleussenthor 6. Mai geschlossen. |
| | Mai | 1 | | |
| | Juni | 1 | | Die im November und Dezember |
| | Juli | 2 | 12 „ | gefangenen Laichlachse wurden |
| | September | 3 | | wieder ausgesetzt. |
| | November | 1 | | |
| | Dezember | 1 | | |
| 1881 | März | 3 | | Schleussenthor 9. Mai geschlossen. |
| | Mai | 4 | | |
| | Juni | 6 | 15 „ | |
| | September | 1 | | |
| | October | 1 | | |
| 1882 | März | 1 | | |
| | April | 2 | | |
| | Mai | 5 | | |
| | Juni | 6 | 23 Stück | |
| | Juli | 1 | | |
| | August | 1 | | |
| | September | 7 | | |
| 1883 | April | 5 | | Abgelaichte Lachse wurden ausge- |
| | | 10 | | Frische Lachse.        │lassen. |
| | Juni | 1 | | Ausgelaichter Lachs. |
| | | | 26 „ | Wurde ausgelassen. |
| | | 5 | | Frische Lachse. |
| | Juli | 2 | | |
| | September | 3 | | |
| 1884 | März | 3 | | Abgelaichte Lachse. |
| | April | 2 | | Frische Lachse. |
| | | 1 | | Abgelaichter Lachs. |
| | Mai | 2 | 20 „ | |
| | Juni | 8 | | |
| | Juli | 1 | | |
| 1885 | Mai | 10 | 11 „ | |
| | Juni | 1 | | |

| | | | | |
|---|---|---|---|---|
| 1886 April | 3 | | | |
| Mai | 7 | | | |
| Juni | 4 | 20 | . | |
| Juli | 6 | | | |
| 1887 März | 1 | | | Ausgelaichter Lachs |
| Mai | 2 | | | |
| Juni | 7 | 11 | . | |
| Juli | 1 | | | |
| 1888 Mai | 4 | | | |
| Juni | 7 | | | |
| Juli | 1 | 13 | . | |
| October | 1 | | | |
| 1889 April | 2 | | | Ausgelaichte Lachse wurden aus- |
| Mai | 3 | 5 | . | gelassen. |
| 1890 Juni | 2 | | | Das Schleussenthor blieb wegen |
| Juli | 2 | 5 | . | Hochwasser das ganze Jahr ge- |
| August | 1 | | | schlossen. |

Die auffallende Abnahme der Fangresultate in Elbeteinitz in den letzten Jahren ist nicht als Abnahme der Lachse aufzufassen und hat seinen Grund in zwei Ursachen: erstens hat man die Fangvorrichtungen stromabwärts vervollständigt und in den letzten Jahren zum Beispiel in Nimburg die meisten Lachse abgefangen, so dass keine nach Elbeteinitz kamen, und zweitens hat andauerndes Hochwasser den Fang im Schleussenthor unmöglich gemacht.

Den Fang von Obřistvi bis Elbeteinitz abzuschätzen, ist sehr schwierig; am ersteren Orte werden sicher in manchem Jahre über 300 Stück gefangen, dann aber in diesem Jahre weiter oben sicher keine. In anderen Jahren, namentlich bei Herbsthochwässern, ist wieder der Fang in Obřistvi gleich Null.

Die wenigen Lachse, welche alle die Wehren von Obřistvi bis Pardubic glücklich passirt haben, bleiben verdutzt vor dem hohen Wehre bei Opatovic stehen. Dieses wurde im Jahre 1693 errichtet und leitet das Elbewasser in den Opatovicer Kanal, der bei Semin, unweit Kladrub, wieder in die Elbe mündet.

Das Wehr ist 4·10 m hoch, 15 m breit und hat eine Neigung von 6 Grad, hat zwei Schleussenthore und wird bei niedrigem Wasserstande der Elbe noch mit Stauvorrichtungen erhöht und so hermetisch verstopft, dass fast das sämmtliche Wasser in den Opatovicer Kanal fliesst. Die Lachse machen doch Versuche das Wehr zu passiren und werden dabei in der Regel im linken Schleusenthore gefangen, so dass nur ganz zufällig einige weiter stromaufwärts gelangen. (Siehe Abbildung Seite 25.)

Im Jahre 1888 wurde ein Versuch mit der Anbringung einer Lachsleiter gemacht und dieselbe mit dem Kostenaufwande von 200 fl. hergestellt, was nur durch das freundliche Entgegenkommen des Herrn Forstmeisters Hupka möglich wurde. Dieselbe führt vom linken Schleussenthor schief zum unteren Rande des

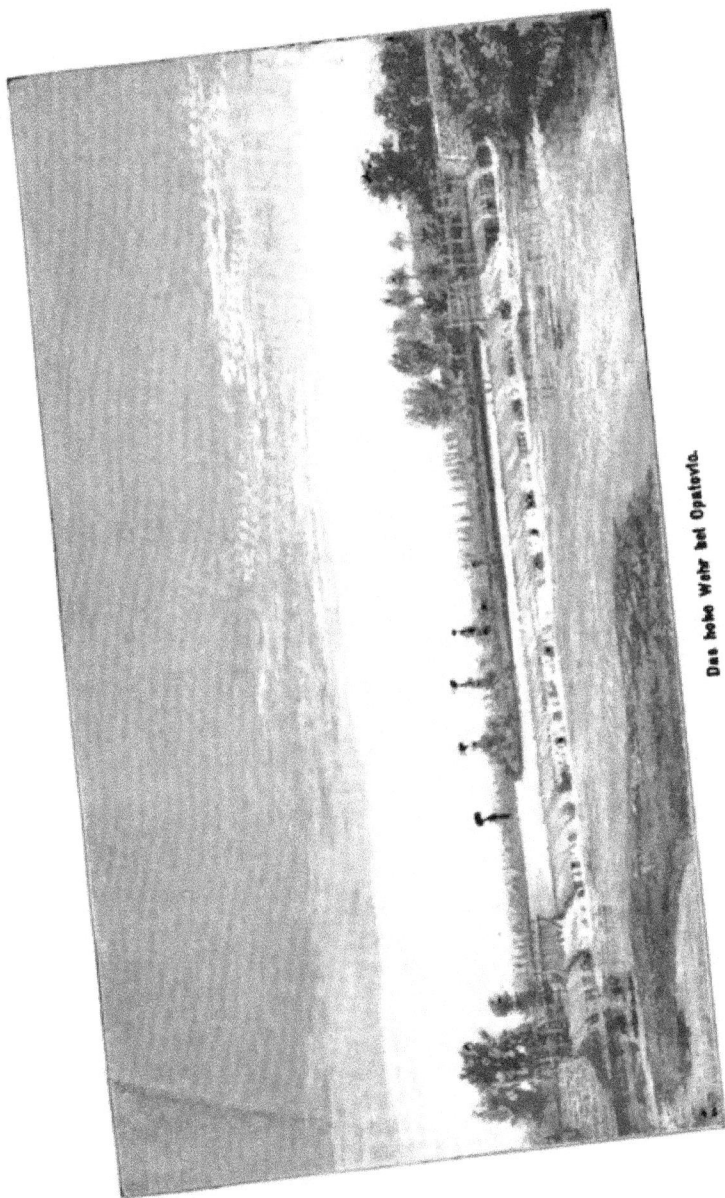

Das hohe Wehr bei Opatovic.

Wehrs und von da gerade zur Krone desselben und ist ganz geeignet, dem Lachse den Weg nach den Laichplätzen in der Adler zu eröffnen.

Natürlich hat diese nützliche Vorrichtung auch ihre Feinde, welchen es nicht angenehm ist, die Lachse weiter hinauf zu befördern und so geschah es, dass bei meinem Besuche am 24. August, das untere Ende des Lachssteges durch

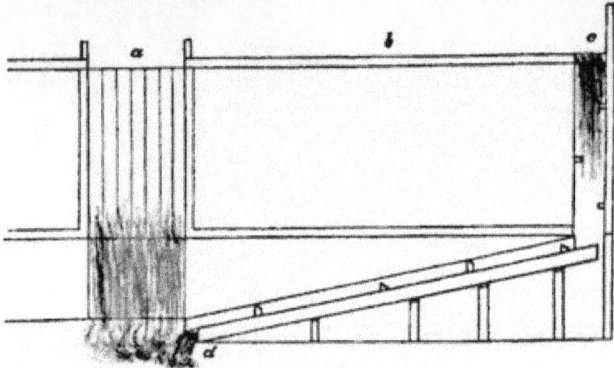

Der Lachssteg am Opatowitzer Wehr.

a. Das Schleusenthor.  b. Der Oberrand des Wehres.  c. Einfluss des Lachssteges.  d. Ausfluss des Lachssteges.

Unterlegen von Klötzen am trockenen stand, das anderemale am 18. September die obere Zuflussöffnung durch ein Brett fest verrammelt war! Ich erhielt später von massgebender Seite die Versicherung, dass dies nicht mehr wiederholt werden soll, denn sonst wären alle angewandten Mühen und die aus Landesmitteln beschafften Kosten umsonst.

Genaue Daten über Zeit und Zahl des Lachsfanges erhielt ich bei Opatovic und gebe darüber einen kurzen Auszug:

| | | |
|---|---|---|
| 1850 . . . . . . . . 21 | 1863 . . . . . . . . 9 |
| 1851 . . . . . . . . 23 | 1864 . . . . . . . . ? |
| 1852 . . . . . . . . 12 | 1865 . . . . . . . . 21 |
| 1853 . . . . . . . . 9 | 1866 . . . . . . . . 51 |
| 1854 . . . . . . . . 36 | 1867 . . . . . . . . 38 |
| 1855 . . . . . . . . 22 | 1868 . . . . . . . . 14 |
| 1856 . . . . . . . . 25 | 1869 . . . . . . . . 16 |
| 1857 . . . . . . . . 22 | 1870 . . . . . . . . 124 |
| 1858 . . . . . . . . 20 | 1871 . . . . . . . . 113 |
| 1859 . . . . . . . . 69 | 1872 . . . . . . . . 179 |
| 1860 . . . . . . . . 36 | 1873 . . . . . . . . 48 |
| 1861 . . . . . . . . 25 | 1874 . . . . . . . . 19 |
| 1862 . . . . . . . . 5 | 1875 . . . . . . . . 49 |

| | | | |
|---|---|---|---|
| 1876 | 110 | 1881 | 22 |
| 1877 | 38 | 1882 | 34 |
| 1878 | 36 | 1883 | 51 |
| 1879 | 7 | 1884 | 18 |
| 1880 | 38 | | |

Ein Beispiel über das genauere Datum sowie das Gewicht der Lachse, gebe ich von Opatovic für das Jahr 1867:

| | | | | |
|---|---|---|---|---|
| 20. Mai | 16 Pfund | 25. Juli | 11 Pfund |
| 21. „ | 13 „ | 25. „ | 12 „ |
| 21. „ | 14 „ | 27. „ | 18 „ |
| 29. „ | 13½ „ | 27. „ | 13½ „ |
| 31. „ | 14 „ | 28. „ | 9 „ |
| 1. Juni | 15 „ | 30. „ | 20 „ |
| 1. Juli | 11½ „ | 30. „ | 13½ „ |
| 1. „ | 13 „ | 1. August | 11½ „ |
| 1. „ | 14 „ | 3. „ | 12½ „ |
| 2. „ | 10 „ | 5. „ | 16 „ |
| 2. „ | 14 „ | 5. „ | 8 „ |
| 3. „ | 11 „ | 16. „ | 18 „ |
| 5. „ | 15 „ | 20. „ | 13 „ |
| 9. „ | 14 „ | 21. August | 14 „ |
| 16. „ | 11 „ | 29. „ | 30 „ |
| 16. „ | 10½ „ | 2. September | 7 „ |
| 25. „ | 9 „ | 10. „ | 9½ „ |
| 25. „ | 11 „ | 2. Oktober | 11½ „ |
| 25. „ | 10 „ | 8. „ | 12 „ |

Oberhalb Opatovic zieht der Lachs ungehindert bis an die Mauern von Königgrätz, hier hat er die Wahl zwischen der träge fliessenden eigentlichen Elbe und zwischen dem hier frisch einfallenden Adlerfluss. Wir werden sehen, dass heut zu Tage alle Lachse in den Adlerfluss ziehen, wie weiter unten geschildert werden wird.

Dem Laufe der Elbe selbst folgend, können wir von Königgrätz ab bis zu den Elbequellen wenig erfreuliches berichten.

Dem Zuge des Lachses in der Elbe von Königgrätz aufwärts bis zu don Elbequellen stehen unüberwindliche Hindernisse entgegen. 1. In Königrätz das Schleussenwerk an den Wasserwerken. 2. Das hohe Wehr bei Předměřic. Ohne Schleussenthor (5 m hoch, 14·25 m breit. Führt das Elbewasser in den sogenannten Eintriebscanal). 3. Zahlreiche Wehren namentlich in Hohenelbe, wo z. B. ein solches 3·90 m hoch, 6 m breit ist, während ein anderes die Combination dreier solcher Wehre darstellt. (Vergl. zweiter Bericht über die Untersuchungen der Biologie und Anatomie des Lachses 1886.)

Wenn es vorgekommen ist, dass z. B. 1883 dennoch ein Lachs zwischen Arnau und Debernau gefangen wurde, so ist es nur dadurch zu erklären, dass derselbe bei den Frühjahrshochwässern, durch die über die Fluren ergossenen Wässer zog und so das hohe Wehr bei Předměřic umging.

Bei den in Hohenelbe obwaltenden Verhältnissen muss es uns leider gleichgiltig sein, dass die Elbe oberhalb Hohenelbe ein prachtvoller Forellenbach ist, in welchem der Lachs, wenn er bis hieher gelangen könnte, ausgezeichnette Laichplätze finden möchte.

Als Resultat der Untersuchung der Elbe von Königgrätz aufwärts bis über Hohenelbe muss die Ueberzeugung betrachtet werden, dass für die Lachszucht hier unter den obwaltenden Verhältnissen nichts gethan werden kann. Es ist weder daran zu denken, alle diese hohen Wehre für den Lachs passirbar zu machen, noch würde die Einsetzung von Lachsbrut in der oberen Elbe zweckmässig erscheinen, da bei deren Wanderung zum Meere der grösste Theil derselben in den unzähligen Wasserwerken (Turbinen und grossen breiten Rädern) der Industrie-Etablissements, sowie durch die chemisch verunreinigten Gewässer zu Grunde gehen würde.

Um so wichtiger erscheint daher der Seitenfluss der Elbe: die Adler, welcher auch wirklich die Hauptkammer des Elbelachses bildet und zu deren eingehender Betrachtung wir uns nun wenden.

Der Adlerfluss ergiesst sich unterhalb Königgrätz in die Elbe, und ich hörte viel erzählen, wie die Lachse bei dem Wehr an den Mauern von Königgrätz über dasselbe zu springen pflegen. Auch war ich begierig, zu erfahren, in was für einem Verhältniss der Fluss zu den Stauwerken der Festungswerke steht.

Das erste Hinderniss für den in die Adler aufsteigenden Lachs ist das Wehr bei der Schwimmschule von Königgrätz. Dasselbe ist 5 Meter breit, etwa 2 Meter hoch und hat eine Neigung von 7 Grad.

Bei niedrigem Wasserstande ist dieses Wehr für den Lachs unpassirbar, denn die kühnen Sprünge, die er hier wagt, bringen ihn nur etwa in die Hälfte des breiten Wehres, worauf ihn der Wasserstrom wieder zurückwirft, wie mir von mehreren Augenzeugen versichert wurde. Er muss dann unterhalb des Wehres warten, bis ihm Hochwasser das Aufsteigen ermöglicht.

Etwas weiter stromaufwärts gelangen wir zu einer Festungsbrücke, welche eine ähnliche Einrichtung besitzt wie die in Theresienstadt. Auch hier sind Rinnen an den Brückenpfeilern, in welche bei den Belagerungen Pfosten eingelegt wurden. Da die Festung aufgelassen ist, so gehört auch diese Einrichtung blos der Geschichte an.

Das Wehr an der Mühle von Svinarek ist 7 Meter breit und etwa 2 Meter hoch, scheint aber dem aufsteigenden Lachse kein besonderes Hinderniss zu bieten, da darselbe nur bei einigermassen hohem Wasserstande das Wehr überwindet. Es werden hier weder Lachse regelmässig gefangen, noch beim Springen beobachtet.

Einen ähnlichen Charakter haben auch die übrigen an der Adler gelegenen Wehre und es ist Erfahrungssache, dass Lachse, welche das hohe Wehr bei Opatovic überwunden haben, dann ohne besondere Schwierigkeiten die Laichreviere an der Wilden Adler oberhalb Senftenberg erreichen.

Bei Tyniśt vereinigen sich beide Zuflüsse der Adler, nämlich die Wilde und die Stille.

Die Stille Adler lockte bisher durch die Trägheit ihres Wassers nur
selten den Lachs zum Aufsteigen, doch soll seit einer vorgenommenen Stromregu-
lirung der Lachs bei Cičová öfters beobachtet und gefangen worden sein. Auch
fliest die Stille Adler rascher als früher, seitdem die Bahn viele ihrer Seitenbie-
gungen abgeschnitten hat. Es kamen Fälle vor, dass der Lachs bis nach Chotzen
kam und vor 15 Jahren wurde einer im Mai im Fabrikscanal beim Abschlagen des
Wassers gefangen.

Bei der Flachsspinnfabrik in Chotzen wird das Wasser der Stillen Adler
durch ein hohes Wehr in den Fabrikscanal geleitet. Hier fliesst es theils auf die
Wasserwerke der Fabrik, theils auf ein Wehr, das fünf Abtheilungen von je 1 Meter
Breite und ½ Meter Höhe besitzt und bei hinreichendem Wasser dem Lachs kaum
ein Hinderniss bieten würde.

Die detaillirte Schilderung der kleinen Wehre, welche oberhalb Chotzen
an der Stillen Adler vorkommen, hätte wenig Interesse, da es sich bei den gegebenen Verhältnissen hier nicht so sehr darum handelt, diesen Fluss ganz für den
alten Lachs passirbar zu machen. Die Wilde Adler wird immer diesen Wanderfisch
durch die frische Strömung mehr anlocken als die Stille Adler. Dafür ist die Betrachtung des Quellgebietes der Stillen Adler wichtig, um zu entscheiden, ob auch
hier der Ort für die Gründung einer Fischbrutanstalt ist und wo hier Lachsbrut
auszulassen wäre. Ich untersuchte zu diesem Behufe namentlich die Umgebung von
Gabel, woselbst ein Fischerei-Verein eben im Entstehen war, welcher für die Stille
Adler wirken wollte, wie der Nekořer Verein es für die Wilde Adler thut.

Ich fand die Verhältnisse in jeder Beziehung günstig. Der kleine Bach
Orlička, in welchem die Forellen zum Laichgeschäft massenhaft aufsteigen, besitzt
ein Wasser, das ein Gemisch von Quell- und Bachwasser ist, wie man es sich für
eine Brutanstalt gar nicht besser wünschen kann.

Dasselbe Wasser wird mittelst Röhrenleitung in die Stadt Gabel geführt
und die Stadtvertretung erlaubte mit grösster Bereitwilligkeit die Benützung desselben in der an einem mässigen Thalabhange unmittelbar bei der Stadt angebrachten
Brutanstalt.

Der Verein wird von der Intelligenz der Stadt, namentlich von dem Lehr-
personale geleitet.

Der Verein pachtete die Fluss- und Bachstrecken in der Länge von etwa
2 Stunden um den Betrag von 25 fl., baute eine hübsche Bruthütte, legte zwei
kleine Teiche an und führt soeben die ersten Versuche mit der Ausbrütung von
Forellen und Lachsen durch.

Diese Brutanstalt ist für die Heranziehung der Lachsbrut von grösster
Wichtigkeit und dürfte in der Zukunft sich zum Hauptsitz der Lachszucht sowohl
für die Stille, als auch für die blos eine Stunde von hier entfernte Wilde Adler
heranbilden.

Im Herbste 1892 wurde bei Gabel ein grosser Lachs in der Stillen Adler
gefangen, was seit Menschengedenken nicht vorgekommen ist und mit der emsigen
Einsetzung der Salmlinge in die Zuflüsse dieses Flusses zusammenhängen mag.

Die Wilde Adler behält bis in die Gegend von Adlerkostelec noch den
Charakter der unteren Aeschenregion, wo der Hecht keine Seltenheit ist. Aus dem

Grunde mussten die in der Lachsbrutanstalt des sehr strebsamen Ersten böhmischen Fischerei-Vereines erzogenen Fischchen weit stromaufwärts in die obere Aeschenregion bei Pottenstein und sogar bis Nekoř transportirt werden, was sich keinesfalls als bequem und nützlich erwies. Da auch das Brutwasser in Adlerkostelec eine sehr hohe Temperatur von 6 bis 8 Grad R. besitzt und die Fischchen sehr bald zum Ausschlüpfen bringt, so war ich bemüht, den Schwerpunkt der Lachsausbrütung höher in das Quellgebiet zu verlegen.

Dazu ergab sich eine vortreffliche Gelegenheit durch das Inslebentreten des Fischerei-Vereines in Nekoř bei Geiersperg. Die Brutanstalt des Vereines befindet sich an einem kleinen Zufluss der Wilden Adler, wird mit Torfquellwasser gespeist und züchtete bereits im verflossenen Jahre an 9000 Lachse. Die Bruthütte wurde jüngst mehr thalabwärts verlegt und das vorzügliche Bachwasser hineingeleitet wie bei Gabel.

Betrachten wir die Hindernisse, welche der stromaufwärts ziehende Lachs zu überwinden hat, so sehen wir, dass eine ziemliche Anzahl kleiner Wehre hier besteht, welche bei niedrigem Wasserstande den Zug unmöglich machen, aber bei halbwegs höherem Wasser leicht passirbar sind.

Ein solches Wehr untersuchte ich bei der Fabrik in Senftenberg; dasselbe ist 1 Meter hoch, war bei dem ganz niedrigen Wasserstande noch ängstlich durch mittelst Hadern vorstopfte Stauvorrichtungen von 50 Centimeter erhöht, so dass alles Wasser in den Fabrikscanal strömte und das eigentliche Flussbett theils trocken lag, theils stehende Lachen bildete. Da alljährlich einige Lachse bis oberhalb Senftenberg in den eigentlichen Laichbezirk des Elbelachses gelangen, so sieht man daraus, dass die vorhandenen Wehre für den Lachs, der bei Opatovic durchkommt, kein ernstes Hinderniss bieten.

Dem zum Meere ziehenden Salmling droht die grösste Gefahr bei Littis, woselbst ein Wehr das sämmtliche Wasser der Wilden Adler fasst und durch einen Tunnel führt, wo es dann mit einem grossen Gefälle wieder in den Fluss fällt.

Diese Vorrichtung sollte ein grosses Fabriksetablissement betreiben, zu dessen Errichtung es bisher nicht kam. Unterdessen wird das Wasser von Zeit zu Zeit aufgestaut, in den Tunnel geleitet, um am anderen Ende hervorkommend, einen Wasserfall zum Amusement von Touristen vorzustellen.

Dabei wird eine Flussstrecke von fast 2 Kilometer trocken gelegt, wobei sowohl Forellen, als auch Salmlinge leicht die Beute der Raubgier des Menschen und der Thiere werden oder durch Wassermangel zu Grunde gehen.

Sollte es einmal dazu kommen, dass das sämmtliche Wasser der Wilden Adler für das eventuell entstandene Fabriksetablissement verwendet wird, dann dürfte es für den Lachsstand der Elbe die schlimmsten Folgen haben, denn der Laichlachs käme nicht höher als bis zu dieser Wehr und die stromabwärts schwimmenden Salmlinge würden von den Wasserwerken zertrümmert. Der Salmling wird in der oberen Wilden Adler bisher nur selten gefangen und was ich davon zu sehen bekam, stammte direct von den hier erbrüteten Rheinlachsen, von denen die vorjährigen eine Länge von 15 Centimeter, die heurigen von 7 Centimeter besassen.

Es wimmelte von denselben im Bache, der durch Nekoř fliesst, und in wenigen Minuten brachten mir die Schulknaben, welche hier ein eifriges Chor von Fischaufsehern bilden, die zur Untersuchung nöthigen Exemplare. Dieselben hatten die typischen braunen Rückenflecken wie die bei Schüttenhofen.

Weiter hinauf gegen die Landesgrenze hin, sind die Ufer der Wilden Adler sehr steile Berglehnen und eine daselbst postirte Brutanstalt hätte viel von Schneewasser und Sturzwässern zu leiden; deshalb sind die Orte Nekoř und Gabel die für die Lachszucht der beiden Adlerflüsse besten Punkte.

Wir folgten nun dem in die Elbe ziehenden Lachse von Hamburg bis in die Zuflüsse der Wilden Adler an der böhm.-mährischen Grenze, wo er bis bei den Orten Čibák und Klášterec beobachtet wurde und wenden uns nun zur Schilderung der Verhältnisse des Lachszuges in den Nebenflüssen der Elbe.

## Die Nebenflüsse der Elbe.

Von den Nebenflüssen der Elbe in Deutschland hat nur die Mulde eine grössere Bedeutung für den Lachs, denn derselbe zieht mit Vorliebe in dieselbe ein, findet aber an den zahlreichen Wehren, die dort bestehen, ernste Hindernisse. Hohe Wehren bestehen bei Dessau, in Raion, Jessnitz, Wurzen, Waldheim u. m. a. Der Muldenfluss hat jedenfalls für den Stamm der Elbelachse eine grosse Bedeutung und Anhalt und Sachsen sollten sich vereinigen, um dieser Wiege des Elbelachses den gehörigen Schutz zukommen zu lassen.

Ueber die Statistik des Fanges bei Dessau, wie er in früheren Jahren bestand, gibt nachstehende Uebersicht ein genaues Bild.

## Uebersicht

der in den Jahren 1861 bis incl. 1870 im Lachsfange zu Dessau, sowie in der Untermulde und im Lachsfange der Jessnitzer Mühle gefangenen Lachse, einschliesslich des Fanges im Jonitzer Lachsfange, so lange derselbe Staatseigenthum war.

| Jahr | Ort, wo der Fang stattfand | Zusammen | | Davon kommen auf: | | | | | | Bemerkungen |
|---|---|---|---|---|---|---|---|---|---|---|
| | | Stück Zahl | Gewicht Pfund | März Stück | April Mai Pfund | Juni Stück | Juli August Pfund | September Stück | Octbr. Novemb. Pfund | |
| 1861 | Dessau . . . . | 148 | 1605 | 118 | 1279 | 30 | 316 | — | — | Jonitz u. Jessnitz lieferten nichts. |
| 1862 | Dessau u. Jessnitz | 193 | 1255 | 73 | 829 | 26 | 261 | 34 | 160 | Jonitz nichts. |
| 1863 | Dessau u. Jonitz . | 179 | 1644 | 68 | 730 | 83 | 753 | 28 | 161 | Jessnitz nichts. |
| 1864 | Dessau u. Jonitz . | 216 | 1897 | 69 | 810 | 62 | 420 | 95 | 777 | |
| 1865 | Dessau u. Jessnitz | 233 | 2071 | 77 | 834 | 56 | 899 | 100 | 728 | Jonitz verkauft. |
| 1866 | Dessau . . . . | 178 | 1909 | 51 | 622 | 66 | 719 | 61 | 566 | Jessnitz lieferte nichts. |
| 1867 | „ . . . . | 67 | 524 | 6 | 73 | 23 | 214 | 28 | 237 | „ |
| 1868 | „ . . . . | 85 | 775 | 28 | 274 | 13 | 126 | 44 | 375 | „ |
| 1869 | „ . . . . | 36 | 388 | 15 | 140 | 11 | 143 | 10 | 105 | „ |
| 1870 | „ . . . . | 16 | 187 | 5 | 66 | 8 | 73 | 5 | 48 | „ |
| | | 1271 | | | | | 385 | | | |

Diese alte gute Zeit ist nun längst vorbei und die „Untersuchungen über den gegenwärtigen Stand der Fischerei-Verhältnisse im Flussgebiete der Mulde" *) von Director A. Endler bringen wenig erfreuliches.

Der Zug der Lachse nach der Mulde hat fast ganz aufgehört und wo man früher 50 bis 70 Stück gefangen hat, dort fängt man gegenwärtig 2 bis 3 Stück. Die Schuld dieses Rückganges schreibt man ungewöhnlich niedrigem Wasserstande, dann einem an der Mündung der Mulde errichteten Auf- und Abladeplatz zu, wo immerwährend Schleppdampfer und Hebkraniche heillosen Lärm machen. Auch klagt man über 3—5 m hohe Wehren weiter oben in Anhalt und Preussen. Meiner Ansicht nach mag die Hauptursache darin liegen, dass man in früheren Jahren allzugründlich gefangen hat, und dass so der dem Muldenfluss entstammende und denselben wieder aufsuchende Lachszug nach und nach ausgestorben ist.

Hat man keine Lachse mehrere Jahre hindurch zu den Laichplätzen gelangen lassen, so kann man auch deren Nachkommen nicht erwarten. Dass zum Beispiel Lachse, die im Quellgebiete der Adler oder Moldau in Böhmen geboren wurden, bei ihrer Rückkehr aus dem Meere in die Mulde ziehen würden, halte ich für sehr unwahrscheinlich.

In neuerer Zeit hat man an den Zuflüssen der Mulde in Dessau eine Lachsbrutanstalt eingerichtet und Anlegung von Lachsstegen beantragt.**)

In Sachsen ist noch der Lachsbach bei Schandau zu erwähnen, welcher vom Laichlachse im Herbste mit Vorliebe aufgesucht wird. Es ziehen jährlich etwa 20 zuweilen bis 70 Lachse in denselben ein, werden in neuerer Zeit behufs der Eiergewinnung gefangen und in der ersten sächsischen Lachsbrutanstalt des Herrn E. Rössler in Porschdorf werden seit 1885 dieselben ausgebrütet ***) und verweise ich in Bezug auf das Detail auf die citirten Publicationen des sächsischen Fischereivereines.

Der Kamnitzbach bei Herrnskretschen.

Der Aufstieg in den aus der Sächsischen Schweiz frisch herabstürzenden Kamnitzbach, erfolgt in der Regel erst im Herbste, namentlich im September und October und soll seine Ergiebigkeit von dem Wasserstande an der Elbe abhängen; ist auf der Elbe niedriger Wasserstand und der Kamnitzbach hat genug Wasser, dann ziehen sehr viele Lachse in denselben, ist aber Hochwasser an der Elbe und der Kamnitzbach hat wenig Wasser, dann ist der Einzug den Lachse sehr unbedeutend.

Als Beispiele des Fanges im Kamnitzbache gebe ich hier die Resultate von drei Jahren:

|  | 1864 | 1865 | 1866 |
|---|---|---|---|
| Juli | 1 | 2 | 1 |
| August | 7 | 2 | 5 |
| September | 21 | 1 | 4 |
| October | 30 | 24 | — |
| November | 11 | 33 | 31 |
| Dezember | 1 | 7 | 4 |
|  | 71 | 69 | 44 |

---

*) Schriften des sächsischen Fischereivereins 1887. Nr. 6. Seite 1.
**) Schriften des sächs. Fischereivereines 1887. Nr. 6. Seite 8.
***) Schriften des sächs. Fischervereines 1886, Nr. 3. S. 13 und 1888 Nr. 7. S. 20.

Dies ergiebt etwa 61 Stück per Jahr, da aber andere Jahre z. B. 1863, 67, 68, wieder sehr arm waren, so lässt sich die etwa 10jährige Durchschnittszahl nur auf 30 feststellen.

Vor etwa 60 Jahren sollen Lachse auch in den Biela-Fluss bei Aussig aufgestiegen sein, was namentlich seit der Errichtung der grossen chemischen Fabrik ganz unterblieben ist.

Von besonderem Interesse ist der Egerfluss, der seit dem Aufbau der Festung Theresienstadt für den Lachszug vollständig versperrt ist. Ich lasse hier die Schilderung der daselbst obwaltenden Verhältnisse der Vollständigkeit dieser Schrift wegen nach dem im Jahre 1887 veröffentlichten Berichte folgen.

Die Eger entspringt bei Weissenstadt in Bayern und es sollte das Quellgebiet derselben einmal genau untersucht werden, da erfahrungsgemäss dort der beste Ort zur Anlage einer Lachsbrutanstalt ausfindig gemacht werden könnte, von welcher aus die Eger mit Lachsbrut zu besetzen wäre. Dies wäre um so wichtiger, als wir aus folgender Schilderung ersehen werden, dass in Böhmen selbst eben nicht sehr günstige Verhältnisse in dieser Beziehung obwalten. Beim Dorfe Fischern tritt die Eger als ein träge fliessender Fluss in das Egerer Flachland. Die Ufer sind meist flach, stark verwachsen und der Fluss macht einen ganz anderen Eindruck als die vom Lachs mit Vorliebe aufgesuchten rasch fliessenden Böhmerwaldflüsse, die Watawa und die obersten Zuflüsse der Moldau.

In der Stadt Eger fehlt es nicht an Wehren und an Verunreinigungen durch grosse Gärbereien; eine Papierfabrik oberhalb Eger liess bei meinem Besuche tintenschwarzes Wasser in den Fluss und der Boden des betreffenden Baches war mit schwarzem Schlamm bedeckt, der alles thierische Leben vernichtet.

Auch unterhalb Eger fliesst die Eger träge, die Ufer sind niedrig, mit Schilf und Weidengestrüpp verwachsen. Die Breite variirt zwischen 10 und 20 Meter und an den starken Biegungen, welche der Fluss macht, sieht man, wie die Ufer auf Kosten der angrenzenden Wiesen leiden.

Bei Franzensbad mündet der von Asch herabfliessende Seebach, an welchem besondere Reservoire zur Reinigung der Schmutzwasser bestehen sollen. Eine auffallende Trübung des Egerwassers gewahrt man von Dassnitz ab und dieselbe wird durch die Schmutzwasser der Schwefelkieswäschereien bei Haberspirk verursacht und liesse sich bei gutem Willen sicher durch Anlage eines Absatzreservoirs mildern.

Die Gegend von Falkenau bietet für die Fischzucht ein sehr günstiges Terrain und man beginnt hier bereits rationell zu verfahren. Der am linken Elbeufer einmündende Zwodaufluss soll in seinem untersten Theile Aeschen besitzen und würde demnach ein guter Punkt für Aussetzung von Lachsbrut sein. Besonders die Gegend von Bleistadt soll sich zur Fischzucht gut eignen.

Sehr günstige Verhältnisse zeigt auch der aus mehr gebirgigem Terrain am rechten Egerufer einmündende Lobsbach.

Die Verunreinigung des Lobsbaches durch gelbe Grubenwässer findet erst nahe bei Falkenau statt, in seinem oberen Laufe ist er ganz rein. Auch der Wondrebfluss, der sich am rechten Ufer bei Kulsam in die Eger ergiesst, soll reich an Aeschen sein und früher Perlmuscheln geführt haben. Ueber die Verbreitung der Fische holte ich die nöthigen Erkundigungen ein, aber bei der Unsicherheit, welche oft in der deutschen Benennung an verschiedenen Orten herrscht, wird es vielfach nöthig sein, die hier vorkommenden Fischarten nach wirklichen Exemplaren wissenschaftlich zu bestimmen.

Auffallend ist die Häufigkeit des Hechtes, von welchem auf 1 Stunde Weges mehr als 20 Centner stehen sollen. Es wird eine der Hauptaufgaben der hiesigen Fischzüchter sein, die Zahl dieser Räuber zu reduciren.

Sehr hoch sind die Fischpreise, welche wegen der Nähe der Badeorte für das Kilo Forelle 6 fl., Hecht 1 fl., Weissfisch 60 kr. betragen sollen.

Der Pacht des Egerflusses beträgt pro Kilometer etwa 4 fl.

Die Umgebung von Falkenau würde sich zu einer eingehenden Untersuchung sehr empfehlen, weil daselbst eher ein geeigneter Platz zur Auslassung von Lachsbrut eruirt werden könnte als weiter stromabwärts, wo die Verhältnisse für den genannten Zweck immer ungünstiger werden.

Einen sehr wunden Punkt in den Fischereiverhältnissen der Eger bildet die Umgebung von Altsattel. Die hier bestehenden Vitriolwerke verursachen seit Jahren einen grossen Schaden am Fischbestand der Eger und verunreinigen in bedenklicher Weise die der Stadt Elbogen zufliessenden Wässer.

Ich gab mir Mühe, den wahren Sachverhalt kennen zu lernen und fand Folgendes :

Der normale Betrieb der Werke ist gegenwärtig sehr schwach, da blos für eigenen Bedarf gearbeitet wird und nicht für Export, der in neuerer Zeit mit dem sicilischen Schwefel nicht concurriren kann. Regelmässig wird das Egerwasser an jedem Montag verunreinigt, ohne dass man sehr auffallende Sterblichkeit der Fische wahrnimmt. Nach Platzregen aber, welche die alten Halden der ganzen Umgebung auslaugen, kommen dann Hunderte von todten Fischen gegen Elbogen hin geschwommen. Diesem Uebel wird man schwerlich abhelfen können, aber mildern liesse sich dasselbe bei gutem Willen in mancher Beziehung.

Es reicht die grosse Halde von Abfällen, welche sich seit Jahren in Altsattel angesammelt hat, mit ihrer Basis direkt in den Fluss hinein. Jedes Hochwasser unterminirt den Rand der Halde und nimmt von dem giftigen Materiale eine Quantität mit, wodurch der Fluss sehr verunreinigt wird. Hier wäre der Aufbau einer Terrasse, welche die Halde vom Flusse isoliren würde, sehr am Platze und es sollte nicht nur Elbogen, sondern auch die weiter liegenden Städte, sowie alle an der Eger gelegenen Fischerei-Vereine sich mit Energie die Durchführung dieses Projectes angelegen sein lassen. Die Kosten würden kaum 1000 fl. überschreiten.

Der Aufbau der Terrasse wäre auch dann nöthig, wenn die Vitriolwerke ihre Thätigkeit einstellen würden (was dem Vernehmen nach bald erfolgen dürfte); denn auch dann würde es jahrelang dauern, bis diese systematische Verunreinigung des Wassers bei jedem Hochwasser aufhören möchte.

Die allwöchentliche Montagsverunreinigung liesse sich wohl durch Anlegung eines Sammelbassins und Neutralisirung des Inhaltes beseitigen oder doch mildern, was durch gütliches Uebereinkommen eher zu erzielen wäre, als durch odiose Gerichtsprocesse.

Es ist bei den obwaltenden Verhältnissen nicht zu wundern, dass in E l b o g e n wenig Sinn für die Fischerei zu finden, und dass es noch nicht zur Bildung eines Fischerei-Vereines gekommen ist.

Doch wäre, abgesehen von der Eger, der von Schlaggenwald herabkommende F l u t h b a c h einer rationellen Bewirthschaftung werth und ich machte den Versuch, die Jagdgesellschaft in Elbogen durch Zusendung von Fachdruckschriften für die Fischerei zu interessiren.

Näher gegen Karlsbad zu, wo die zahlreichen Kaolinschwemmen und Porcellanfabriken im Verunreinigen des Wassers wetteifern, erhielt sich bis in die jüngste Zeit der R o l a u b a c h als gutes Forellen- und Aeschenwasser und wurden hieher die vom Karlsbader Fischerei-Verein gezüchteten jungen Lachse über mein Anrathen zum grossen Theile ausgelassen. Im Frühjahre 1886 wurde der Bach durch eine neu angelegte Fabrik in Neuhammer bei Neudeck mit Anilinfarben b l a u  g e f ä r b t und der ganze Fischstand vernichtet. Der Karlsbader Fischerei-Verein erhob zwar seine Stimme dagegen, aber ich weiss nicht mit welchem Erfolge

Eine der wichtigsten Aufgaben, die ich mir stellte, war die Untersuchung der T ö p e l und deren Beziehung zum K a r l s b a d e r  S p r u d e l, denn von der Beantwortung dieser Frage ist es abhängig, ob man die Töpel oberhalb Karlsbad rationell für die Lachszucht verwenden kann oder nicht. Ich unternahm zu diesem Zwecke in zwei Jahren genaue Messungen der Wärmeverhältnisse an der Töpel während ihres Verlaufes durch den Sprudelrayon vor, und zwar im Jahre 1884 bei äusserst niedrigem Wasserstande und im J. 1886 bei mittelgrossem Wasserstande.

Am 19. August 1884 fand ich folgende Temperaturverhältnisse an der Töpel:

Bei der Pupp'schen Brücke . . . . . . . . . . $+ 11.3°$ R.
Vor dem Sprudel . . . . . . . . . . . . . . $+ 11.3$ „
Am Ausfluss des Sprudels . . . . . . . . . . $+ 40$ „
Unter der Sprudelbrücke im Flussbett . . . . . $+ 20$ „
Unter der Sprudelbrücke in der Seitenrinne . . $+ 40$ „
100 Schritt unter der Sprudelbrücke . . . . . . $+ 18$ „
Beim König von Preussen . . . . . . . . . . $+ 12.3$ „
Beim Stadthaus . . . . . . . . . . . . . . $+ 12$ „
Bei der Hygiena in der Seitenrinne (durch Einlass
von Röhren, die Sprudelwässer führen) . . . . $+ 43$ „
Daselbst im Flussbett . . . . . . . . . . . . $+ 17$ „
Bei drei Rosen . . . . . . . . . . . . . . . $+ 12.3$ „
Von da stromabwärts im Flussbett . . . . . . $+ 12$ „
Von da stromabwärts in der Seitenrinne . . . . $+ 13$ „

Bei diesem äusserst niedrigen Wasserstande zeigte es sich, dass die Erwärmung des Flusswassers nur auf kurze Strecken und nur in den Seitenrinnen von Bedeutung ist. Unter der Sprudelbrücke sah man Haufen von Ellritzen in dem 19° R. warmen Wasser schwimmen und die von den Badegästen geworfenen Semmeln nehmen. Einzelne Fischchen wagten sich bis zum noch wärmeren Wasser und rückten dann rasch zurück.

Am 12. August 1886 bei mittelgrossem Wasserstande fand ich:

Pupp'sche Brücke . . . . . . . . . . . . . . + 14 °R.
Unter der Sprudelbrücke in der Seitenrinne . . + 18 „
6 Meter unterhalb des Sprudels im Flussbott . . + 18·5 „
Fleischbrücke bei der Sparcasse . . . . . . . . + 15 „
Obere Colonadenbrücke in der Seitenrinne . . . + 16 „
Daselbst im Flussbett . . . . . . . . . . . . + 14·5 „

Hier wurde auch das Vorkommen von Planarien, Phryganeen und Perlalarven unter den Steinen constatirt.

Aus beiden Messungen ersieht man, dass die Erwärmung des Töpelwassers durch den Sprudel hauptsächlich in den Seitenrinnen stattfindet, dann, dass im Flussbette unterhalb des Sprudels die Erwärmung um 4 Grad nur eine ganz kurze Strecke anhält und das Töpelwasser vor seinem Austritt aus Karlsbad wieder fast dieselbe Temperatur hat wie bei der Pupp'schen Brücke.

Bei hohem Wasserstande dürften diese Temperaturdifferenzen verschwindend klein sein. Es wäre für den Karlsbader Fischereiverein eine dankbare Aufgabe, solche Messungen genauer und längere Zeit hindurch vorzunehmen.

Da bekannterweise der junge Lachs im Mai-Juni bei den Frühjahrshochwässern stromabwärts zieht, so ist gar keine Gefahr vorhanden, dass ein im oberen Töpelgebiet gezüchteter Lachs bei der Passirung der vom Sprudel erwärmten Flusspartie zu Schaden kommen könnte.

Ueber mein Ansuchen verschaffte mir der Karlsbader Fischereiverein einige Daten über den Wasserstand der Töpel in den Frühjahrsmonaten, aber dieselben werden erst nach mehrjährigen Beobachtungen an Werth gewinnen, weshalb ich vorderhand von deren Veröffentlichung abstehe.

Zur Lachszucht möchte sich im Töpelgebiet oberhalb Karlsbad vielfache Gelegenheit bieten. Namentlich ist es der Lamnitzbach, der ein äusserst malerisches, von Solmus bei Buchau gegen Pirkenhammer sich hinziehendes Thal durchfliesst und ein sehr reiches Forellenwasser besitzt, welches sich zur Aufzucht der jungen Lachse eignen würde. Der Karlsbader Fischereiverein hat in demselben bereits den amerikanischen Bachsaibling mit bestem Erfolge gezüchtet.

Viel weniger günstig traf ich die Verhältnisse an dem südlichen Abhange des Erzgebirges, welchen ich von Schlackenwerth bis oberhalb Joachimsthal und von Kaaden bis an die Wasserscheide bei Pressnitz untersuchte. In Beziehung auf die Gewässer lassen sich hier drei Horizonte unterscheiden:

1. Das Bereich der Wasserscheide (z. B. Gottesgab, Goldenhöhe, Pressnitz) enthält kleine Bäche, in welchen Steinforellen gedeihen und auch Forellenteiche angelegt sind, die aber in strengen Wintern bis auf den Grund einfrieren, sowie im Frühjahre durch Sturzwasser sehr leiden. Die viel mässigere Abdachung nach Sachsen hin bietet günstigere Bedingungen für die Fischzucht.

2. Das Bereich des schroffen Abhanges. Hier stürzen die Bäche in einem Winkel von 7″ bis 9″ auf 1 Klafter rauschend herab, und wenn sie auch Forellen führen, so sind sie für den jungen Lachs zu stürmisch und man muss dieses Bereich als zur Lachszucht ungeeignet bezeichnen.

3. Das Bereich des Flachlandes findet man bei Schlackenwerth, bei Kaaden, Brunnersdorf und Komotau, wo die vom Erzgebirge fliessenden Bäche eine geraume Strecke ruhig fliessen, bevor sie die Eger erreichen.

Diese Bachpartien fliessen fast ihrer ganzen Länge nach durch Ortschaften und haben durch die Abfälle von Industrie-Etablissements viel zu leiden, weshalb sie auch zur Einsetzung von Lachsbrut nicht aufmuntern. Es fehlt hier die ruhige obere Aeschenregion (ohne Hecht), welche im Böhmerwalde sowie am Quellengebiet der Wilden Adler dem Gedeihen der jungen Lachse so zuträglich ist. (In diesen ungünstigen Verhältnissen der Eger mag auch ein Grund vorliegen, wesshalb die Egerlachse so bald verschwanden.)

Diesen allgemeinen Betrachtungen will ich noch einige von den in Erfahrung gebrachten Details hier anführen.

In Joachimsthal wurden vor Jahren Brutversuche mit Forellen in einer kleinen Anstalt in der Cigarrenfabrik durch Herrn Pfihoda durchgeführt. Nachdem in Folge der wiederholten Besetzung der Bäche sich der Fischstand zu heben begann, entstand hier eine Handschuhlederfabrik, die mit Arsenik arbeitete und alles Lebende der ganzen Bachstrecke entlang bis Schlackenwerth vergiftete. Die Fabrik besteht nicht mehr, aber das Thierleben erholt sich nur sehr allmählig wieder. Dass den Fischzüchtern nach diesem Vorfalle die Lust zur Arbeit verging, ist leicht einzusehen.

Oberhalb Joachimsthal ist ein schöner Teich, der Stadtteich, dessen Wasser zum Betriebe der Bergwerke von Joachimsthal verwendet wird und der auch mit Forellen besetzt ist. Da aber dieselben nicht gefüttert werden, wachsen sie hier sehr wenig. Aehnlich gelegen ist der Spitzbergteich, der auch zur Aufzucht von in Bächen zusammengefangenen kleinen Forellen benützt wird.

Die k. k. Forst- und Domänen-Verwaltung in Joachimsthal führte Fischzuchtversuche bei Goldenhöhe durch, zu denen ich auch behilflich war, die aber durch die ungünstigen Verhältnisse in dem oben geschilderten Bereiche der Wasserscheide zu keinen günstigen Resultaten führten. Der dazu benützte Goldbach fliesst überdies nach Sachsen.

Die Pachtpreise betragen in dieser Gegend 6 bis 10 fl. pro Kilometer, was durch die Nähe der Badeorte erklärlich ist, welche einen grossen Verbrauch an halbausgewachsenen Forellen aufweisen. (Vom gesetzlichen Mass ist hier keine Rede, denn ausgewachsene Forellen sind kein so guter Absatzgegenstand. Jeder Badegast will die dunkle Steinforelle und wohl kaum 10 Procent der in Karlsbad verspeisten Forellen haben das gesetzliche Mass.)

Aehnliche Verhältnisse wie in der Joachimsthaler Gegend fand ich auch bei Pressnitz, wohin ich mich darum wendete, um den eifrigen Fischzüchter Herrn Wirth und seine Forellenteichwirthschaft näher kennen zu lernen.

Pressnitz liegt schon über der Wasserscheide am Quellgebiet des nach Sachsen fliessenden Pressnitzer Baches, weshalb hier eigentlich ein Thätigkeitsgrund für den sächsischen Fischereiverein besteht. Alle Forellenteiche des Herrn Wirth, sowie des Försters Herrn Hawel sind schon auf der Abdachung nach Sachsen hin.

An der Eger bei Laun.

Alle Bäche, welche von der Wasserscheide nach Böhmen hin fliessen, stürzen den jähen Abhang herab, wie für denselben die Partie von Kupferberg nach Klösterle bezeichnend ist, und münden bald in die Eger. Dass hier kein Platz zum Aussetzen der Lachsbrut ist, versteht sich nach dem weiter oben über dies Gesagten von selbst. Wollte man in dieser Region der Eger dennoch Lachsbrut aussetzen, müsste man immer die am rechten Egerufer mündenden Bäche dazu wählen, (z. B. den Hollbach oder den Dahnauer Bach).

Der kleine Dörnbach bei Kaaden, in welchem bisher der Fischereiverein in Kaaden die Junglachse zumeist aussetzte, hat nicht den Charakter eines Forellenbaches und ist nur für eine kleine Zahl der edlen Fischchen bewohnbar. In der Zukunft sollten zum Auslassen der Lachsbrut die Quellgebiete des Dahnauer und des Lobbaches gewählt werden.

Ein grosser Uebelstand für die Lachszucht in der Umgebung von Kaaden ist die Häufigkeit des Hechtes in der Eger. Diesem Raubfisch konnte man bei der blockigen Beschaffenheit des Flussbettes bisher nur durch Stechen beikommen. Da dies durch das Fischereigesetz verboten ist, so wird hier der Hecht ungeheuer überhandnehmen. Falls es nicht gelingen sollte, hier ausnahmsweise wegen obwaltender localer Verhältnisse die Erlaubniss zum Stechen der Hechte zu erlangen, würde ich dem hiesigen sehr strebsamen Fischereiverein anrathen, sich im Fange mit der Drahtschlinge einzuüben.

Die Wehren bei Klösterle, Kaaden und Saatz sind etwa 1½ Meter hoch, 3 Meter breit und wären vom Lachs bei grösserem Wasserstande leicht zu passiren. Sollte einmal bei grösserem Zug der Lachse die Nothwendigkeit von Fischwegen sich fühlbar machen, würde deren Anlage keine besonderen Schwierigkeiten machen. Die Pachtverhältnisse weisen hier die allzu kurze dreijährige Pachtzeit auf und der Pachtschilling beträgt pro Kilometr etwa 3 bis 4 fl. jährlich.

Ich wandte mich nun in die Gegend von Saatz. Von der isolirt stehenden Wodamühle abwärts hat die Eger schon den Charakter eines Gebirgsflusses verloren und die Bäche, welche sie aufnimmt, sind fast alle weich- und warmwässerige Grundelbäche und es fällt hier die Frage der Lachsbrutaussetzung hinweg.

Der Goldbach führt immer von der Permformation rothgefärbtes lehmiges Wasser und ist überdies bei Kriegau durch eine Fabrik verunreinigt. Besass früher sehr viel Krebse.

Der Saubach führt in seinem Gebirgsbereiche die Forelle bis Deutsch-Kralup und ist noch von Verunreinigungen frei, hat aber in seinem unteren Theile immer trübes Wasser. Derselbe richtet durch Ueberschwemmung der Hopfengärten grossen Schaden an.

Der Aubach, der von Duppau herabfliesst, wird durch fünf Fabriken verunreinigt. -

Die Eger selbst ist in der Nähe von Saatz ebenfalls reich an Hechten, welche hier bis 10 Kilogramm an Gewicht erreichen. Auf einer Strecke von drei Stunden Weges fängt man im Jahre an 50 Hechte mit der Angel.

In der Gegend von Laun und Libochowic fliesst die Eger langsam, von flachen mit üppigem Baumwuchs besetzten Ufern eingesäumt, dahin Die hier einmündenden kleinen Bäche mögen in uralten Zeiten, wo noch die ganze Gegend dicht bewaldet war, auch Forellen geführt haben, später verwandelten sie sich in Grundelbäche; jetzt führen sie meist gar nichts Lebendes und übelriechender Schlamm und lange weisse Pilzbildungen an den Steinen geben ein Bild der traurigen Folgen der Wirksamkeit von den zahlreichen hier bestehenden Zuckerfabriken.

Für die Fischerei ist hier wenig Interesse, da der Angelsport der Forellenfischerei fehlt und überhaupt das Fischen mit grossen Schwierigkeiten verbunden ist.

Umsowehr ist das Bestreben des Fischerei-Vereines in Laun anzuerkennen, welcher durch Einsetzung von Karpfen- und Aalbrut die Fischerei zu heben bestrebt ist. Das Bestehen dieser Fischerei-Vereine in Kaaden, Saatz, Laun und Theresienstadt ist um so wichtiger, als darin die Hoffnung begründet ist, dass bald die ganze Eger nach Entstehung von neuen Fischerei-Vereinen in Postelberg, Libochowitz, Brozan etc. rationell bewirthschaftet werden wird und die Vereine im Verbande für die gemeinnützige Sache sich wechselseitig unterstützen werden. Von den hier bestehenden Wehren, die ich in Laun und Libochowitz näher untersuchte, gilt dasselbe, was ich von denen bei Kaaden und Saatz sagte.

Eine bedenkliche Höhe hat das neu hergerichtete Wehr in Doxan. Dasselbe ist 8 Meter hoch, auf der Krone 3 Meter breit. Die in einem Winkel von $16\frac{1}{2}$ Grad geneigte Abfallfläche hat 11·5 Meter Länge.

Dies wäre ein unüberwindliches Hinderniss für den Zug des Egerlachses der Zukunft, aber zum Glück wird durch dieses Wehr nicht das ganze Egerwasser gefasst und der linke freie Arm, der weiter gegen Brozan hin abzweigt, wird bei Hochwasser dem Lachs immer genug Gelegenheit bieten, weiter stromabwärts zu gelangen.

Weniger bedenklich ist das weiter stromaufwärts gelegene Hostenicer Wehr, welche das Egerwasser den Brozaner Mühlen zuführt. Dasselbe ist auf der Krone 4 Meter breit, hat eine sehr geringe, etwa 10 Grad betragende Neigung, aber einen Abfall von 1·50 Meter. Die Anbringung eines Fischweges würde hier wenig Schwierigkeiten machen, denn das Wehr gehört blos einem Besitzer, dem Brozaner Müller.

Hier holte ich auch Erkundigungen über die bestehenden Fischereirechtsverhältnisse ein. Das Recht, auf der Eger sowie an der Elbe zu fischen ist hier allodial an gewisse Häuser der Fischerfamilien gebunden und zahlen dieselben nur einen unbedeutenden Pacht von 6 bis 15 fl., wobei sie jährlich einen oder mehrere Lachse der Herrschaft abliefern müssen.

Die Ablösung dieser Rechte auf Kosten des Landes oder eines Lachsfischereiconsortiums würde mit grossen Schwierigkeiten verbunden sein.

Das grösste Hinderniss, welches den Zug der Lachse in die Eger seit mehr als hundert Jahren hemmt, ist die Anstauung unter der Festungsbrücke in Theresienstadt. Hier wird das Wasser durch Einlegung von Pfosten in die Rinnen der Brückenpfeiler angestaut und den beiden an den Ufern erbauten Mühlen zugeführt. Dadurch entsteht eine senkrechte Wand von 3·1 Meter Höhe, welche den Zug der Fische absolut absperrt.

Ich stellte mir vor Jahren die Aufgabe, dieses ganz ungewöhnliche Hinderniss des Lachazuges zu beseitigen und erhielt nach langen Verhandlungen mit dem k. k. Festungscommando und dem Mühlenpächter die Bewilligung zur Anbringung einer mobilen Fischleiter. Dieselbe wurde aus den Mitteln der Landessubvention für Fischzucht unter Beihilfe des Fischerei-Vereins in Theresienstadt hergestellt und am 25. April 1885 eröffnet.

Da zeigte es sich, dass das Wasser über dieselbe zu stürmisch, nur in Schaumform herunterstürzt und deshalb wurde sie im nächsten Jahre verlängert, damit das Wasser ruhiger über die weniger geneigte Fläche fliesse. Als Alles in Ordnung war, trat unerwartet Hochwasser ein und der Fischweg wurde zerbrochen und weggeschwemmt.

Da schritt der dortige Fischerei-Verein, vom Herrn S. Jelinek (Vertreter der Firma Pick als Mühlenpächter) unterstützt, zur Durchführung einer neuen Vorrichtung, welche den beweglichen Fischweg in einer dauerhafteren Weise ersetzen sollte. Es wurde durch Anbringung von fünf immer niedrigeren Pfostenwänden eine Reihe von Bassins gebildet, welche dem Lachse das Erreichen des Oberwassers ermöglichen sollen. Die Erfahrung wird lehren, inwiefern dieser Versuch als gelungen zu betrachten sein wird.

Der erste wie der zweite Fischweg ist nur als Experiment zu betrachten, das zur definitiven Lösung der Frage führen soll und hat vor Allem den Werth, dass principiell die Anbringung eines Fischweges gestattet und wirklich durchgeführt wurde. Verbesserungen sind Sache der Zukunft. Der bedenklichste Umstand in Bezug auf die Zweckmässigkeit des Lachssteges in Theresienstadt ist derjenige, dass im October und November, wo der Lachs aufsteigen will nicht das für diese Vorrichtung nöthige Wasser zur Disposition steht. Bei dem regelmässig im Herbste eintretenden niedrigen Wasserstande verbrauchen die beiden Mühlen alles Wasser und der Lachssteg liegt trocken. Es wäre in der Zukunft nöthig im October und November wenigstens früh und Abends je eine Stunde für den Lachssteg Wasser zu sichern. Bevor dies nicht geschieht, sind alle Bestrebungen den Lachssteg neu anzulegen unnütze Arbeit. Bevor der Lachssteg nicht unter diesen Bedingungen ins Leben getreten sein wird, könnte sich der Fischereiverein in Theresienstadt ein Verdienst dadurch erwerben, dass er die unterhalb der Brücke gefangenen laichreifen Lachse theilweise zur Gewinnung von Eiern benützt, theilweise oberhalb der Brücke wieder in Freiheit setzt.

Mag man über die Zweckmässigkeit des weggeschwemmten Fischweges denken wie man will, so viel ist sicher, dass derselbe mehreren Lachsen die Gelegenheit zur Gelangung in die obere Eger gegeben hat, denn es wurde zur Zeit seines Bestehens ein 3 Kilogramm schwerer Lachs in Libochowitz vom Fischer Helig, ein zweiter bei Kaaden an dem Wehr bei Dehlau gefangen.

Aehnliche Fälle sind seit 100 Jahren nicht beobachtet worden.

Von der Festungsbrücke abwärts gehört das Fischereirecht nur eine kleine Strecke entlang zu Theresienstadt, die Mündung der Eger selbst gehört der Leitmeritzer Stadtgemeinde. Bei dem sehr niedrigen Wasserstande im April des Jahres 1885 hatte ich Gelegenheit zu beobachten, wie die Flussmündung versandet ist, so dass auch dadurch der Zug der Fische in die Eger gehindert ist. Ich erklärte, dass es sehr angezeigt wäre, eine Strecke von etwa 200 Meter auszuräumen, um so den Zug der Lachse in die Eger zu fördern, und es wurden in neuerer Zeit die Mittel zur Durchführung dieses Antrages zugesagt.

(Die alte Eger, welche an der kleinen Festung vorüberfliesst, führt nur kurze Zeit des Jahres bei Hochwässern etwas strömendes Wasser und dürfte kaum je den Lachs zum Aufsteigen verlocken, wenn er auch hier den Weg frei hätte, da zu solcher Zeit der Lachs überhaupt nicht zu wandern pflegt, sondern erst nachdem der Wasserstand wieder etwas sich gemässigt hat.)

Der im Jahre 1885 unter der Brücke in Theresienstadt angebrachte Lachssteg.

Blicken wir auf diese gegebene Schilderung des Egerflussgebietes zurück, so ersehen wir, dass sich hier ein dankbares Feld für die Lachszucht bietet. Es ist vor Allem darauf zu sehen, dass Brutanstalten höher im Quellgebiet der Eger, womöglich schon in Bayern, gegründet werden und in Böhmen besonders die grösseren Forellenbäche (der oberen Aeschenregion), die in der Falkenauer und Karlsbader Gegend am rechten Ufer der Eger einmünden, mit Lachsbrut besetzt werden.

Da die vollständige Gangbarmachung der Eger in Theresienstadt nur eine Frage der Zeit ist und die Erfahrung gelehrt hat, dass der aus dem Meere aufsteigende Lachs in der oberen Eger kein namhaftes Hinderniss findet, so mag darin eine Aufmunterung für alle an diesem schönen Flusse wirkenden Fischerei-Vereine liegen, in ihrem Bestreben, die Eger mit Lachsen zu bevölkern, eifrigst fortzufahren.

## Die Moldau.

Von der Mündung der Moldau in die Elbe bei Melnik bis nach Prag findet der Lachs kein Hinderniss und wird auch von Fischern nicht belästigt, da die steilen Felsufern das Ziehen der Netze meist unmöglich machen. Einzelne werden bei Podhof und Troja gefangen.

Erst an den Wehren in Prag wird sein Zug gehemmt und er hält sich dann unterhalb des ersten Wehres in der Nähe der Hetzinsel auf, wo er in Zugnetze gefangen oder mit dem „Čeřen“ gehoben wird. Hier wird das Fischereibefugniss zugleich mit der Brücken- und Ueberfuhrmauth verpachtet und meist rücksichtslos ausgeübt. Unterhalb der Mühlen wird auch mancher Lachs von den Müllergesellen in das Netz „Čeřen“ gefangen, wenn er nicht den Weg hier finden kann. Derselbe besteht hier in Form eines Durchlasskanals („jalový žlab“). Dieser wird aber sicher unberechtigt vergittert, um dem Lachs den Aufstieg zu verhindern. Das Recht der Müller zum Fischfang ist fraglich.

Das erste ernste Hinderniss auf der Moldau besteht in dem Wehre unterhalb der Franz-Josephs-Brücke. Dasselbe ist 8·60 m breit und bietet bei einem Wasserstand 10 bis 20 cm über dem Normale dem aufsteigenden Lachse kein Hinderniss. Aber man stellt vor

Karl Podhorský, Fischhändler in Prag.[*]

das Wehr Drahtrechen, welche selbst bei einem Wasserstand von 40 cm den Lachs am Zuge hindern und ihn nöthigen im Schleussenthor den Durchgang zu suchen, wo er in die gestellten Fallen gerathet. Der Lachs rennt gegen diese Rechen oft mit einer solchen Gewalt an, dass die Drähte nachgeben, den Kopf durchlassen und an den Kiemenöffnungen wieder zusammenklappen, wodurch der Lachs gefangen ist. Sobald der Wasserstand über $\frac{1}{2}$ m steigt, müssen diese Rechen beseitigt werden.

Im Schleussenthor findet der Lachs den Durchgang durch am unteren Ende flache Stangen versperrt; sucht er hier den Durchgang, wird aber bald vom Wasserstrom in der Flanke gefasst und rechts oder links in den aufgestellten Korb geworfen. (Siehe Abbildung Seite 44.)

Auch gelangt er zuweilen in den an der rechten Thorseite angebrachten Durchlasskanal, wo ihn ein Reuschenkorb aufnimmt. (Siehe Abbil. S. 45.)

Von dem Rechte der Stadt Prag zu dieser Art von Lachsfang wurde vielfach behauptet, es stütze sich auf alte Privilegien. Ich überzeugte mich im Stadt-

---

[*] Herrn K. Podhorský bin ich für sehr ausgiebige Förderung meiner Studien durch Beschaffung von Untersuchungsmaterial zu grossem Danke verpflichtet.

**Der Lachsfang an dem Wehr unter der Franz-Josephs-Brücke in Prag.**

Das Schleusenthor ist gesperrt, an der Krone des Wehres sind Drahtrechen an Pfählen befestigt. Im Schleusenthore sind zwei Fangkörbe angebracht. Unterhalb des Schleusenthores hebt der Fischer das Netz „Čeřen". Am Kahne zur linken Seite liegt ein Reuschen, „Vrš" und ein Stab mit drei Krеten Síokra! genannt, mit welchem unterhalb des Schleusenthores Lärm gemacht wird, damit der Lachs während des zeitweiligen Oeffnens der Schleusenthores nicht durchschlüpft. (Näheres Detail siehe Abbildung Seite 45.)

archive, dass dies nicht der Fall ist, sondern dass dieses Recht bloss in Folge von Verjährung nach einem langwierigen Processe mit den Mühlenbesitzern der Stadt Prag zugesprochen wurde. Es handelte sich dabei nicht darum, ob man solche Fangvorrichtungen an dem Wehre anbringen dürfe, sondern wer sie anzubringen berechtigt sei. Der Pachtschilling für den Lachsfang zu Prag schwankte in diesem Jahrhunderte zwischen 800 bis 1400 fl. und bei den grossen Regieauslagen, die

Vorrichtungen zum Lachsfang am Schleussenthor unterhalb der Franz-Josephs-Brücke in Prag. Das Schleussenthor ist durch Latten gesperrt, an der Krone des Wehres sind Gitter angebracht, welche dem Lachse das Passiren des Wehres beim Wasserstand von 20 cm über dem Normale verhindern. In der Schleusse ist jederseits ein Korb angebracht, in welchen der Lachs, welcher an den Latten Durchgang suchte, vom Wasserstrom hineingeworfen wird. Ein dritter Korb ist in einer Röhre angebracht, welche das Wasser aus der Schleusse erhält. Bei niedrigem Wasserstand z. B. im August werden die auf das Oeffnen des Schleussenthores wartenden Lachse mit Zugnetzen gefangen, wie es die Zeichnung darstellt.

damit verbunden sind, und der Abhängigkeit des Fanges vom Wasserstande ist dieser Pacht immer eine riscante Angelegenheit.

Die übrigen zwei Wehre im Bereiche der Stadt Prag bieten dem Lachse kein Hinderniss des Zuges und wird derselbe nur sparsam unterhalb der Mühlen und am Schleussenthor mit dem Cefen-Netz gefangen.

Es wollte mir lange nicht gelingen, irgend welche Belege über den Fang der Lachse in Prag zu erlangen, denn diese Daten werden aus Geschäftsrücksichten geheimgehalten. Endlich bewog ich doch einen der ehemaligen Pächter des Lachsfanges Herrn Voitl, dass er mir über den Fang von den Jahren 1877, 1878 und 1879 seine Aufzeichnungen zur Verfügung stellte, wofür ich ihm mit Rücksicht auf die Vollständigkeit meiner Schrift zu bestem Danke verbunden bin.

Aus nachfolgender Statistik ist zu sehen, dass die über den Fang in Prag circulirenden Gerüchte weit übertrieben sind.

## Statistik des Lachsfanges zu Prag

am Schleussenthor unter der Franz-Josephsbrücke in den Jahren 1877 1878 und 1879.

| 1877 | März | | 1 | Stück | 5·75 | Kilo Durchschnittsgewichte |
|------|------|---|---|-------|------|------|
| | April | | 27 | „ | 7·99 | „ „ |
| | Mai | | 59 | „ | 7·20 | „ „ |
| | Juni | | 9 | „ | 5·87 | „ „ |
| | Juli | | 3 | „ | 5·00 | „ „ |
| | | | 99 | Stück | | |
| 1878 | März | | 1 | „ | 9·26 | „ „ |
| | April | | 76 | „ | 6·93 | „ „ |
| | Mai | | 157 | „ | 5·75 | „ „ |
| | Juni | | 81 | „ | 6·29 | „ „ |
| | Juli | | 8 | „ | 5·81 | „ „ |
| | August | | 24 | „ | 4·51 | „ „ |
| | September | | 5 | „ | 4·08 | „ „ |
| | | | 352 | Stück | | |
| 1879 | März | | 1 | „ | 9·00 | „ „ |
| | April | | 87 | „ | 8·54 | „ „ |
| | Mai | | 125 | „ | 7·74 | „ „ |
| | Juni | | 51 | „ | 5·46 | „ „ |
| | Juli | | 33 | „ | 4·92 | „ „ |
| | August | | 10 | „ | 3·95 | „ „ |
| | September | | 2 | „ | 2·20 | „ „ |
| | | | 289 | Stück | | |

Ebenso kann der Lachs frei weiter ziehen bis in die Gegend von Pisek. Hier geht der grösste Theil in den Wattawa-Fluss und nur einzelne in die obere Moldau.

Im Wattawa-Flusse sind kleine niedrige Wehren bei Strakonic, Katovic, Horažďovic und Schüttenhofen. Die ersteren zwei haben keine Bedeutung. Bei Horažďovic, wo die Lachse über die Wehre zu springen pflegten, wurden sie in ein oberhalb des Wehrs gestelltes Hochgarn (náhonec) gefangen. Dies ist gegenwärtig eingestellt.

Die Fangdauer ist aus folgendem Beispiele ersichtlich, das ich der gütigen Mittheilung des Herrn Hotelier Naxera verdanke.

1879 . . . . . 10. Mai bis 7. Juni
1880 . . . . . 30. „ „ 6. Juli
1881 . . . . . 26. „ „ 10. „

Die letzte Wehre ist bei Schüttenhofen, wo zwei Lachsfänge bestehen; der am linken Ufer ist Eigenthum des Müllers und ist der ausgiebigere, der am rechten Ufer gehört der Stadt und da er nur selten einen Lachs liefert, wird er meist nur um etwa 20 fl. jährlichen Pachts abgegeben. Die Zahl der hier an beiden Lachsfängen gefangenen Lachse lässt sich annähernd auf 50 Stück abschätzen, wobei der grösste Theil dem des linken Ufers zufällt.

Oberhalb Schüttenhofen kommen wir in die eigentliche Laichregion des Lachses, welche für den Moldaulachs die grösste Wichtigkeit hat, die am besten gekannt ist und von der ich längst empfahl, sie möge als Schonrevier erklärt werden.

Der Wattawa-Fluss bei Annathal oberhalb Langendorf.

Im November. Es liegt eine Reuschen im Flusse, eine Laichgrube ist rechts von dem den Fluss überschreitenden Weibe, eine zweite im Mühlbache links von dem Weidenbaume.

Nach einer Skizze des Verfassers gezeichnet von Prof. Banše.

Der Wasserstand ist hier in der Regel ein kleiner $\frac{1}{2}$ bis 1 m und an den seichten Stellen wirbelt das Wasser über die Steine, deren Scheitel hie und da aus dem Wasser hervorragen.

Hier findet man im Sommer fast hinter jedem Steine einen Salmling. Dass dies keine leere Phrase ist, kann man sich leicht aus der Thatsache überzeugen, dass mir die Fischer Markuci und Bauer in 24 Stunden über 100 Stück zu fangen im Stande waren. Mit der Angelruthe, auf welcher ein Ameisenei angebracht ist, fängt man in der Mitte des Stromes watend viel früher 10 bis 15 Salmlinge als eine Forelle. Bei der Pateček-Mühle oberhalb Schüttenhofen schätzen die Fischer auf 500 Schritt ebenso viele Struwitzen. Je mehr man stromaufwärts vorgeht, desto kleinere Struwitzen fängt man, was darauf hinweist, dass sie bei zunehmender Grösse immer niedriger in's Flussbett rücken.

Hier bestehen keine Wehre mehr, welche die ganzen Flussbreite einnehmen würden, sondern nur durch Steinwälle wird ein Theil des Flusswassers den Betriebskanälen zugeleitet.

Hier lagern die mit dem ersten und zweiten Zuge angekommenen Lachse an tiefen Stellen ein oder bergen sich unter den Holzflössen. Im Herbste sind daselbst zahlreiche Laichgruben des alten Lachses zu finden, theils im Hauptstrome des Flusses, namentlich au Stellen, wo sich das „Wasser bricht", theils in den Abfallsgräben der Mühlen und Fabriken.

Solche Verhältnisse sind bis zu der Theilung der Wattawa, wo sich der Widrabach mit dem Kiesslinger vereint.

Der Widrabach mit riesigen Blöcken dicht besetzt, ist nicht vom Lachse bevorzugt, weil er wenig Wasser führt, welches behufs der Holzschwemme bei Maader in einen Schwemmkanal geleitet wird, der das Wasser in den Kiesslingerbach führt. Nur als Seltenheit versteigt sich der Lachs bis nach Rehberg und Maader.

Im Kiesslinger, dessen Flussbett behufs der Holzschwemme ziemlich regulirt ist, lassen sich die Salmlinge und die alten Laichlachse bis nach Stadeln

Der Wattawa-Fluss zwischen Unterreichenstein und der Vinzenzsäge.

beobachten. Ob sie höher oben noch vordringen, lässt sich nicht nachweisen, da von dort ab das schaumige Wasser jede Beobachtung unmöglich macht.

An tiefen Stellen im Kiesslingerbach, wo ein Felsenzug den Strom übersetzt, z. B. bei Annathal lagern die Lachse im Sommer und springen nach den Fliegen und ist es im vorigen Jahre wiederholt vorgekommen, dass ein Lachs das schwache, zum Forellenfang hergerichtete Zeug abgerissen hat. Hier wäre für einen Sportsmann der Ort, wo er seine Geduld prüfen könnte, einen alten Lachs in Böhmen auf die Angel zu fangen.

# Die obere Moldau von der Einmündung der Wattawa in dieselbe bis zu den Moldauquellen.

In die obere Moldau von der Einmündung der Wattawa in dieselbe (östlich von Mirotic), ziehen nur wenige Lachse, denn die meisten bevorzugen die schnelle und reine Wattawa und es ist hier die Frage zu erwägen, ob in die Moldau nur diejenigen Lachse ziehen, welche in deren Quellgebiete geboren wurden. Wäre diess nicht der Fall, so liesse es sich schwer erklären, warum nicht alle Lachse in die Wattawa ziehen, die ihnen bessere und in kürzerer Zeit zu erreichende Laichplätze bietet als die Moldau. Auf der Strecke bis nach Frauenberg wird wohl kaum jemals ein Lachs gefangen, wenigstens konnte ich darüber nichts erfahren.

Auffallend war die Erscheinung, dass bei Frauenberg in einem Jahre mehrere Lachse gefangen wurden — in einem Jahre, das das 4te oder 5te war nach der Auslassung der Lachsbrut durch Herrn Fischmeister Černai.

Bei Budweis erscheint der Lachs in neuerer Zeit nach Mittheilungen des Prof. T. Marek von Ende April bis zur Hälfte des Mai. In den Fangapparaten des Herrn Müllers Votruba werden 1 m bis 1¹/₄ m lange Stücke von 5—10 Kg. Gewicht gefangen. Im Jahre 1892 wurden 10 Stück gefangen. Manche Stücke tragen grosse Wunden, was dadurch erklärlich ist, dass der Weg von Moldautein bis Budweis für den Lachs sehr beschwerlich ist, indem die Schleussenthore nur für das Passieren der Holzflösse geöffnet werden und der Lachs mit diesen oft in Contact kömmt.

Auch bei Krummau ist der Fang eines Lachses eine ungewöhnliche Erscheinung, soll sich aber in den letzten Jahren öfters ereignet haben. Bei Hohenfurt, wo seit 50 Jahren kein Lachs erschienen war, wurden in den letzten 10 Jahren vom Stiftsfischer Gafgo wiederholt Lachse gefangen, was man gerecht der Auslassung von Lachsbrut bei Hirschbergen und bei Kienberg zuschreiben kann.

Seitdem man in Hohenfurt und neuerer Zeit in Tusset Lachsbrut aussetzt, wurde das jährliche Erscheinen des Lachses in der Gegend von Kienberg bei Hohenfurt zur Regel. Ich erhielt durch die Gefälligkeit des Herrn P. Justin Bauer, Secretär des Stiftes in Hohenfurt folgende Daten über den Fang:

Oktober . . 1888 . . . . . . . 4 Stück
     „   . . 1889 . . . . . . 2   „
     „   . . 1890 . . . . . . 0   „
     „   . . 1891 . . . . . . 3   „
     „   . . 1892 . . . . . 1   „
November . 1892 . . . . . 2   „

Ausserdem wurden mehrere im Zuge beobachtet, ohne gefangen werden zu können.

Weiter stromaufwärts wurde der Lachs bis in der Warmen Moldau gefangen und zwar nach Angabe des Herrn Postmeisters in Obermoldau wurden im J. 1880 ein 7 Pfund schwerer, dann im J. 1883 ein 15 Pfund schwerer Lachs im October bei Eleonorenhain gefangen. Den Fluss selbst anlangend finden wir von

Kienberg aufwärts ganz eigenthümliche Verhältnisse. Das Flussbett ist sehr breit und seicht, das träge fliessende Wasser wird durch quere Steindämme in einen Hauptstrom gezwängt, welcher zur Holzschwemme tauglich ist. Diese träge fliessenden Parthien der Moldau weisen zahlreiche grosse Polster von Wasserpflanzen auf, welche zahlreichen Hechten zum Aufenthalte dienen.

**Partie der Moldau nördlich von Oberplan.**
Quere Steindämme zwingen das Wasser in den flossbaren Theil. Im Strome grosse Polster von Wasserpflanzen.

Oberhalb Kienberg sollen nach der Versicherung des sehr erfahrenen Klosterfischers Gafgo auf eine Stunde Wegs circa 2 Centner Hechte stehen.

Die Moldau erhält hier 3 Zuflüsse: die Warme Moldau, die Kalte Moldau und die Grasige Moldau, über welche Näheres bei der Besprechung der Brutanstalten mitgetheilt werden soll.

## Nebenflüsse der Moldau.

Die Moldau nimmt während ihres Laufes von den Quellen bis zur Mündung in die Elbe mehrere Seitenflüsse auf und von dem wichtigsten, der Wattawa wurde weiter oben schon ausführlich gehandelt. Weiter stromabwärts ergiesst sich am rechten Ufer die Sazava, in welche noch zu Balbins Zeiten Lachse wanderten, was gegenwärtig ganz ausgeblieben ist. Die Wehren können das nicht schuld sein, denn alle sind von unbedeutender Höhe und auch beim ersten stellen sich keine Lachse ein. Die Ursache mag vor allem die sein, dass der Stamm der Sazava-Lachse ausgestorben ist und ausserdem mag die immer fortschreitende

Entwaldung des Quollgebietes der Sazava schuld sein, dass dieselbe jetzt nicht mehr genug und frisches Wasser hat' das den Lachs zum Einzug locken möchte. Über misslungene Versuche die Sazava neuerdings mit Lachsen zu bevölkern, wird weiter unten berichtet werden.

Der Beraunfluss. Die Daten, welche ich über diesen Fluss einzusammeln im Stande war, bieten ein unerfreuliches Bild.

Wenn schon vom Anfang dieses Jahrhunderts an der Fischreichthum des Flussgebietes durch Entwaldung und durch die sich in der Pilsener Gegend entwickelnde Industrie stark gelitten hat, so war die im Sommer des Jahres 1872 erfolgte plötzliche riesige Überschwemmung für den grössten Theil der Zuflüsse der Beraun eine verhängnissvolle Katastrophe. Die Fluthen nahmen nicht nur allen Fischbestand mit, sondern die Bachbette wurden aufgewühlt und Alles bis auf den kahlen Felsen fortgeschwemmt. Dadurch wurde auch alle Nahrungsbasis für den sich wieder einzustellenden Fischbestand benommen. Die Armuth an Insectenlarven, Mollusken und Crustaceen ist z. B. in den Waldungen bei Zbirov und Rožmital eine auffallende. Versuche mit der Aussetzung von Lachsbrut, die in der Gegend von Tachau in den Siebziger Jahren gemacht worden sind, blieben ohne sichtlichen Erfolg, denn die einzelnen Lachse, welche zuweilen doch in die Beraun ziehen, kann man nicht damit in directen Zusammenhang bringen.

Sicher ist, dass die Zuflüsse der Beraun, die einst gute Forellenbäche sein mussten, gegenwärtig fast leer dastehen und nur hie und da halb verhungerte Fische aufweisen.

Sehr fischreich war einst die Uslava, welche über Stiahlau und Plzenec gegen Pilsen fliesst. Rechtsstreitigkeiten führten dazu, dass beide Streitende fischten, bis Alles ausgeplündert wurde.

Der Schwarzbach (Padrt), der sich bei Rokycan in den Klabawafluss ergiesst, ist der Typ eines ausgehungerten Baches. Forellen kommen dort bis Ježek vor. Unterhalb Rokycan wird der Klabawafluss vor seiner Ausmündung in die Beraun durch die Schmutzwässer einer Gärberei, die in einer eingegangenen Zuckerfabrik errichtet wurde, tintenschwarz gefärbt.

In der Pürglitzer Gegend ist es der aus dem Thiergarten der Beraun zuströmende Bach, welcher am längsten Forellen beherbergte, bis endlich die grosse Ueberschwemmung alles fortriss.

Dass der Beraunfluss dem Lachs auch sympathisch ist, beweisen wiederholte Fänge. So wurde im Jahre 18×5 ein grosser Lachs bei Pürglitz gefangen.

Auf der Strecke von Karlstein bis zur Mündung der Beraun konnte ich mehrere Fälle constatiren, wo einzelne Lachse gefangen wurden.

Es ist nun die Frage: Sind das verirrte Lachse, welche eigentlich dem Moldaugebiete angehören, oder sind das Folgen der Brutversuche, welche vor Jahren in der Tachauer Gegend vorgenommen wurden?

Zwei Ursachen mögen dazu beitragen, dass der Lachs weniger in die Beraun zieht, und zwar das oft trübe Wasser, das sie führt und die Versandung an ihrer Mündung in die Moldau. Die Hauptursache wird aber die sein, dass der Stamm der Beraunlachse längst ausgestorben ist und man wird durch ausdauernd fortge-

4*

setzte Züchtung von Lachsbrut im Quellgebiete dieses Flusses denselben von Neuem begründen müssen. Ein gewichtiges Hinderniss, welches dem Gedeihen der Besetzung der Beraun mit Lachsen entgegenstehen würde, kenne ich nicht, und bis die nöthigen Mittel zur Hand sein werden, dürfte das eine lohnende Aufgabe für die Fischzüchter der nächsten Generationen sein.

## Nebenflüsse der oberen Elbe.

Der Iserfluss war auch von Lachsen besucht und namentlich an der ersten Wehre unterhalb Benátek wurden vor Jahren noch Lachse gefangen. Gegenwärtig ist der Fluss durch starke Verunreinigungen durch Fabriken in Jungbunzlau und Josefsthal für die Fischzucht überhaupt verloren und zahlreiche Wehren namentlich bei Semil führen das sämmtliche Wasser den Turbinen zu, so dass mit diesem Fluss bei der Lachsfrage nicht mehr zu rechnen ist.

Ein kleiner Fluss die Doubravka, die bei Elbeteinitz in die Elbe mündet, wurde vom Lachse wiederholt aufgesucht, aber derselbe gelangte nur bis zur ersten Mühle bei Lanžov, wo er gefangen wurde.

Die Chrudimka bei Pardubitz scheint gar nicht vom Lachse besucht zu werden, wozu ihr durch Chemikalien regelmässig verunreinigtes Wasser beitragen mag.

Ueber den für die Lachszucht wichtigsten Fluss, die Adler, wurde schon berichtet, und ich füge hier noch einige Daten über den Fang bei Adlerkosteletz bei, welche ich soeben von dem dortigen Fischereiverein erhielt.

In 16 Jahren, seit dem der Verein besteht, wurden 53 Stück gefangen, aber das sollen nur solche gewesen sein, die sich beim Springen über die Wehr beschädigt haben, während man die gesunden nach den Laichplätzen ziehenden unbehelligt liess. Das ergiebigste Jahr war 1890, wo 13 Stück gefangen und über 50 beim Zuge beobachtet wurden. (Seit diesem Jahre besteht der Lachssteg am Opatowitzer Wehr).

Stellen wir die in vorstehender Schilderung des Lachszuges vom Meere bis nach Böhmen eruirten Daten über den Fang des Lachses nach mehrjährigen wahrscheinlichen Durchschnittszahlen zusammen, so sehen wir, dass nicht ganz 4000 Lachse gefangen werden, wobei man die eruirten Ziffern eher als zu hoch als niedrig aufzufassen hat.

### Beiläufige Durchschnittszahlen der jährlich in der Elbe und deren Zuflüssen gefangenen Lachse.

1. Hamburg von Lauenburg abwärts . . . . . . . . 1800
2. Von Hitzaker bis Lauenburg . . . . . . . . . 500
3. Bei Mühlenberg in Preussen . . . . . . . . . 200
4. Bei Wittenberge . . . . . . . . . . . . . . 150
5. Bei Magdeburg . . . . . . . . . . . . . . . 20
6. In Sachsen . . . . . . . . . . . . . . . . 150

```
           Kamnitzbach . . . . . . . .  30
7. In Böhmen: bei Leitmeritz . . . . . . . 200
           Wegstädtel-Melnik . . . . . . 100
           Prag . . . . . . . . . . . . 300
           Wattawa von Horaždovic aufwärts  60  } 1055.
           Moldau von Prag aufwärts . .  20
           Beraun . . . . . . . . . .   5
           Elbe bis Opatovic . . . . . . 300
           Adler . . . . . . . . . .   40
                                       ────
                                       3875.
```

Diese Zahl erscheint jedenfalls als ziemlich gering im Vergleich zu anderen Flüssen, denn die viel kleinere Wesor lieferte z. B. nach Prof. Metzger im J. 1881 auf der Strecke von Hameln bis unterhalb Bremen (379 Kilom.) 10.500 Stück Lachse.

## Die verschiedenen Lachszüge.

In Böhmen kann man sehr regelmässig drei Hauptlachszüge unterschoiden, den ersten im Anfange des Jahres, den zweiten im Mai—Juni und den dritten im Oktober.

Der erste Zug besteht aus grossen silberigen Fischen von 8 bis 15 Kg. Gewicht.

### Beispiele des ersten Zuges.

| Nro. des Protokols | Datum | Länge | Gewicht | Geschlecht | Gewicht des Eierstocks | Gewicht der Hoden |
|---|---|---|---|---|---|---|
| 10 | 12/2 | 1 m. | 8·50 kg. | ♀ | 55 gr. | — |
| 15 | 8/3 | 90 cm. | 8·— kg. | ♂ | — | 8·42 gr. |

Dieser Zug wird bei Hamburg schon im Jänner bemerkt (Siehe Seite 16) und davon im Feber und März daselbst eine mässige Zahl gefangen. Auch in Sachsen macht sich dieser Zug wenig bemerkbar, was von dem hohen Wasserstande im Frühjahre abhängen mag.

Die erste Nachricht von der Ankunft des Lachses in Böhmen kömmt gewöhnlich von Leitmeritz und bald darauf (etwa 6 Wochen nach dem Eisstosse) werden diese grossen Lachse in Prag gefangen, falls der Wasserstand günstig ist. Die ersten Lachse wurden meines Wissens in Böhmen immer erst im Feber gefangen, aber selten und vereinzelt, z. B. 1886 16. Feber unter dem Eise. Der Hauptfang des ersten Zuges fällt in den März und im Jahre 1886 war er so ergiebig, dass der Preis sogar auf 90 kr. per kg. fiel und die Zahl der in diesem Monate gefangenen Lachse gewiss nahe an 1000 Stück betragen haben mag.

Die ersten Lachse wurden in Prag gefangen:

| 1871 | . . . . . . . . 10. März | 1873 | . . . . . . . 19. März |
| 1872 | . . . . . . . 12. März | 1874 | . . . . . . . 25. März |

Wenn der Wasserstand im März 60 cm. über dem Normale beträgt, müssen die Rechen und Fangkörbe an dem Wehr in Prag beseitigt werden und die Lachse haben freie Bahn, benützen dieselbe aber nur theilweise, denn sie kommen z. B. nach Horaždovic und Schüttenhofen erst im Mai, während sie schon im März nichts hindert bis dort hin zu gelangen.

Wahrscheinlich lagern sie an tiefen Stellen ein und warten, bis das ihnen unangenehme Schneewasser abgeflossen ist.

Dieser erste Zug scheint dem Moldaugebiete anzugehören, denn es konnte nichts bemerkt werden, dass im März grosse Lachse von Melnik aufwärts in die Elbe ziehen würden. Ob das von dem hohen Wasserstande abhängt, der an diesem Flusse regelmässig lange anhält, müssen fernere Beobachtungen sicherstellen.

Diese starken Fische sollen im Herbst zuerst auf den Laichgruben sich einfinden und am frühesten geschlechtsreif werden. Es ist daher vorauszusetzen, dass ihro Generation eine besonders kräftige und frische sei und im Wachsthum die Salmlinge von kleineren, später laichenden Individuen übertreffe. Es sei noch bemerkt, dass die Fische des ersten Zuges in stark überwiegender Zahl Weibchen sind.

(Die Untersuchung dieser kostspieligen Fische, von denen oft einer einen Werth von 80—100 fl. repräsentirt, ist mit grossen Schwierigkeiten verbunden, da durch das Öffnen der Bauchhöhle der Fisch sehr an Verkaufswerth verliert und ich bin dem Herrn K. Podhorský zu besonderem Danke verpflichtet, dass er mir dennoch eine solche Untersuchung erleichterte.)

Ein solcher frisch aus dem Meere angekommener Lachs ist ganz silbrig, mit sparsamen kreuzförmigen schwarzen Flecken an den Seiten. Die Schuppen des Rückens schillern ins blaue, wesshalb die Fischer denselben Veilchenlachs nennen. Das Fleisch ist schön roth, die Muskelpartien durch weissliche Fettstreifen gesondert. Die Körperseiten voll, schön gewölbt. Der Unterkiefer des Männchens mit ganz schwacher Andeutung des Hakens. (Seite 10.)

Der Preis solcher Fische beträgt 4—5 fl. per kg., wird aber durch den jeweiligen Preis des Rheinlachses regulirt. Ausnahmsweiser Massenfang drückte den Preis im Jahre 1886 in Prag auf 1·20 fl. per kg., am Lando auf 90 kr. per kg.

Der zweite Zug ist der Hauptzug, dessen Zeit in Hamburg in den April und Mai fällt. (Siehe Seite 16.)

In Sachsen ist auch das Maximum des Fanges, das in den Monat Mai fällt, diesem 2. Zuge angehörig. (Siehe Prof. Nitsche Schriften des sächsischen Fischereivereines Nr. 5, 1887 und folgende Nummern.) In Böhmen trifft dieser Zug etwa in der Hälfte des Mai ein und dauert bis Mitte Juni.

Dies ist auch die Hauptfangzeit sowohl an der Elbe von Leitmeritz angefangen über Obřístvi, Nimburg, Podiebrad, Kolin bis Opatovic, so auch an der Moldau bei Prag, dann an der Wattawa bei Horaždovic und Schüttenhofen.

Die Fische des 2. Zuges haben ein geringeres Gewicht als diejenigen des ersten.

Beispiele des zweiten Zuges.

| Nro. des Protokols | Datum | Länge | Gewicht | Geschlecht | Gewicht des Eierstocks | Gewicht der Hoden |
|---|---|---|---|---|---|---|
| 47 | 20/6 | 84 cm. | 4·15 kg. | ♀ | 42 gr. | — |
| 53 | 30/6 | 90 cm. | 5·65 kg. | ♀ | 115 gr. | — |
| 54 | 5/7 | 80 cm. | 4·75 kg. | ♂ | — | 7·38 gr. |

Die Färbung ist schon bunter; die Körperseiten haben einen rosa Anflug und auf den Kiemendeckeln schimmert schon die rothe Marmorirung durch. Der Rücken ist dunkler bläulicher als im März.

Das Fleisch ist intensiver roth und die Fettstreifen sind viel schwächer. Die Genitalien sind mehr entwickelt. Der Haken am Kien des Männchens deutlicher. Der Preis steht gewöhnlich etwa 2 fl. per kg., sinkt bei ergiebigem Fang und bei warmer Witterung auf 1·20 fl. und noch tiefer.

## Der Bartholomäus-Lachszug.

Als Vorläufer des dritten Zuges kann man den Zug der kleinen Männchen im August betrachten, welche von unseren Fischern als Bartholomäus-Lachsen bezeichnet werden und wohl den Jacobslachsen am Rhein entsprechen.

Es sind bunt gefärbte Männchen von etwa 2 kg. Gewicht und es gelang mir nicht unter denselben ein Weibchen sicherzustellen, obwohl ich in manchem Jahre über 30 Stück untersuchen konnte. Alle hatten schon einen kleinen Haken am Unterkiefer.

Beispiele des Bartholomäus-Zuges.

| Nro. des Protokols | Datum | Länge | Gewicht | Geschlecht | Gewicht der Hoden |
|---|---|---|---|---|---|
| 61 | 28/7 | 63 cm. | 2·20 kg. | ♂ | 56·32 gr. |
| 67 | 10/8 | 68 cm. | 2·— kg. | ♂ | 72·50 gr. |

Wenn im August niedriger Wasserstand die vollkommene Function der Fangaparate am Prager Lachsfang ermöglicht, dann werden diese Lachsmännchen in Prag alle weggefangen, was um so mehr zu bedauern ist, da überhaupt erwachsene Männchen sehr selten die Laichplätze im Böhmerwalde erreichen.

Von einem ähnlichen Zuge der Bartholomäuslachse in die Elbe von Melnik aufwärts ist mir nichts bekannt geworden und es wäre wünschenswerth, wenn man dort auf diesen Zug seine Aufmerksamkeit lenken möchten.

Es ist nicht unmöglich, dass dieser Zug eine Eigenthümlichkeit des eigentlichen Moldaulachses ist, von dem die Fischer constant behaupten, dass er in manchem von dem speciell in die Elbe, von Melnik aufwärts, ziehenden Lachse verschieden ist. Es wird die Aufgabe der Zukunft sein Daten zur Bestätigung oder Widerlegung dieser Ansicht zu sammeln.

Ich glaube, dass die Verschiedenheit der Verhältnisse, welche der Moldaulachs im Quellgebiete der Moldau trifft und denen er sich anpassen muss, gewiss hinreicht eine Raçe zur Ausbildung gelangen zu lassen, welche von der im Quellgebiete der Elbe aufgewachsenen abweicht.

Der dritte Zug kann auch als Laichlachszug im engeren Sinne des Wortes bezeichnet werden. Er beginnt in der 2. Hälfte des Monates September und aus diesem Grunde war ich seinerzeit bemüht die Schonzeit des Lachses vom 15. September an zu befürworten.

Dieser Zug besteht aus allen Lachsen, welche vom Frühjahre an mit dem ersten und zweiten Zuge in die Elbe gelangt sind, vorläufig an tiefen Stellen sich eingelagert haben, um den Herbst abzuwarten. Ich glaube nicht, dass zu dieser Zeit noch Lachse direkt aus dem Meere in die Flüsse gezogen kommen, denn das gesammte Aussehen aller, deren bunte Färbung, das blasse Fleisch, die Abmagerung und die vorgeschrittene Entwickelung der Genitalien weist darauf hin, dass sie schon vor geraumer Zeit das Meer verlassen haben. Die Verzeichnisse des Fanges bei Hamburg weisen im September keinen besonderen Zug aus dem Meere auf, sondern nur einzelne laichfertige Lachse, die gewiss schon im Feber oder Mai aus dem Meere gekommen sind.

Beispiele des 3. Zuges nämlich der laichreifen Lachse im October.

| Nro. des Protokols | Datum | Länge | Gewicht | Geschlecht | Gewicht der Eierstöcke | Gewicht der Hoden |
|---|---|---|---|---|---|---|
| 167 | 7/10 | 0·63 m. | 2·22 kg. | ♂ | — | 93·7 gr. |
| 168 | 7/10 | 0·76 m. | 3·12 kg. | ♀ | 42·10 gr. | — |
| 89 | 5/10 | 0·88 m. | 4·32 kg. | ♂ | — | 180 gr. |
| 156 | 3/10 | 0·68 m. | 2·27 kg. | ♂ | — | 153 gr. |

In Beziehung auf das Aussehen muss man bei diesen Lachsen ein zweifaches Stadium unterscheiden, nämlich vor dem Auslaichen und nach dem Auslaichen.

Vor dem Auslaichen, so lange die Eier in den Eierstöcken sitzen, haben die Weibchen einen abgerundeten gleichmässig vollen Bauch; haben sie schon die Eier in der Bauhöhle, dann sammeln sich alle nach hinten, wenn man den Lachs mit dem Kopfe nach oben hält. Hat der Lachs abgelaicht, dann sind die Bauchwände eingefallen, schlaff-faltig.

Beiläufige Darstellung des Lachsfanges bei Prag je nach den Monaten.

| 1 | 2 | 3 | 4 | 5 | 6 | 7 | 8 | 9 | 10 | 11 | 12 | Stückzahl |
|---|---|---|---|---|---|---|---|---|----|----|----|-----------|
|   |   |   |   |   |   |   |   |   |    |    |    | 200 |
|   |   |   |   |   |   |   |   |   |    |    |    | 190 |
|   |   |   |   |   |   |   |   |   |    |    |    | 180 |
|   |   |   |   |   |   |   |   |   |    |    |    | 170 |
|   |   |   |   |   |   |   |   |   |    |    |    | 160 |
|   |   |   |   |   |   |   |   |   |    |    |    | 150 |
|   |   |   |   |   |   |   |   |   |    |    |    | 140 |
|   |   |   |   |   |   |   |   |   |    |    |    | 130 |
|   |   |   |   |   |   |   |   |   |    |    |    | 120 |
|   |   |   |   |   |   |   |   |   |    |    |    | 110 |
|   |   |   |   |   |   |   |   |   |    |    |    | 100 |
|   |   |   |   |   |   |   |   |   |    |    |    | 90 |
|   |   |   |   |   |   |   |   |   |    |    |    | 80 |
|   |   |   |   |   |   |   |   |   |    |    |    | 70 |
|   |   |   |   |   |   |   |   |   |    |    |    | 60 |
|   |   |   |   |   |   |   |   |   |    |    |    | 50 |
|   |   |   |   |   |   |   |   |   |    |    |    | 40 |
|   |   |   |   |   |   |   |   |   |    |    |    | 30 |
|   |   |   |   |   |   |   |   |   |    |    |    | 20 |
|   |   |   |   |   |   |   |   |   |    |    |    | 10 |

## Über den abnormen Novemberzug.

Seit längerer Zeit wurde mir vom Pächter des Lachsfanges zu Prag Herrn Karl Podhorský versichert, dass man zwischen den Laichlachsen des dritten Zuges auch frisch aus dem Meere angekommene Volllachse antrifft. Ich verschob die Veröffentlichung dieser Angabe, bis ich mich von der Richtigkeit derselben werde selbst überzeugt haben. Dies trat im Jahre 1885 ein, wo ich Gelegenheit fand, einen am 11. November bei Wegstädtel und einen zweiten bei der Hetzinsel gefangenen silberigen Volllachs zu untersuchen.

Beispiele des Novemberzuges.

| Nro. des Protokols | Datum | Länge | Gewicht | Geschlecht | Gewicht der Eierstöcke |
|--------------------|-------|-------|---------|------------|------------------------|
| 169 | 11/11 | 1·5 m. | 10·50 kg. | ♀ | 57·15 gr. |
| 170 | 28/11 | 0·97 m. | 8·25 kg. | ♀ | 32·00 gr. |

Auch Herr Polívka, Müller in Obřístvf, theilte mir mit, dass bei ihm im Herbste unter den färbigen Laichlachsen auch ein silberiger Voillachs gefangen wurde. Es ist zu erwägen, ob dieser so frühzeitlg aus dem Meere angekommene Lachs nicht dem Geschlechte der Rheinlachse angehört, deren man seit 20 Jahren bei uns hunderttausende in die Elbe einsetzt.

Der Rheinlachs hat nämlich die Sitte nicht erst im Frühjahre, sondern schon im Herbst, namentlich im November, in den Rhein zu ziehen und diese Gewohnheit mag ein in der Elbe aufgewachsener Rheinsalmling beibehalten haben.

### Rückkehr des alten Lachses nach dem Meere.

Die wenigen glücklichen Lachse, welchen es gelungen ist alle Hindernisse, die sich ihnen auf ihrem Zuge zu den Laichplätzen entgegengestellt haben, zu überwinden, die allen Fanggeräthen entschlüpft sind und im Quellgebiete unserer Flüsse das Laichgeschäft glücklich vollbracht haben, denken nicht gleich an ihre Rückkehr, sondern treiben sich noch die ersten Monaten des nächsten Jahres in unseren Flüssen in erbärmlich abgemagertem Zustande umher. Solche Lachse nennt man bei uns Tulák, was soviel bedeutet als Vagabund.

Ich war bemüht sicherzustellen, wie lange ein solcher abgelaichter Lachs in Böhmen bleibt und bin in der Lage Nachweise zu liefern, dass sich derselbe bis zum März, ja sogar bis Mai aufhält.

#### Beispiele der abgelaichten Lachse.

| Nro. des Protokols | Datum | Länge | Gewicht | Geschlecht | Gewicht der Eierstöcke | Gewicht der Hoden |
|---|---|---|---|---|---|---|
| 13 | 15/2 | 1·06 m. | 5·50 kg. | ♀ | 59 gr. | — |
| 17 | 15/3 | 0·70 m. | 1·62 kg. | ♂ | — | 13 gr. |
| 21 | 17/3 | 0·98 m. | 5·00 kg. | ♀ | 27 gr. | — |
| 251 | 14/4 | 1·19 m. | 6·40 kg. | ♀ | 47 gr. | — |
| 259 | 23/5 | 0·83 m. | 8·00 kg. | ♀ | 9 gr. | — |

Die grossen Fische Nro. 13 und 251 gehören höchst wahrscheinlich dem 1. Märzzuge an und waren daher 13—14 Monate im Flusse ohne bekanntlich Nahrung aufzunehmen, die kleineren 17 und 21 dürften dem Maizuge angehören und waren daher 11—12 Monate im Flusse.

Die Untersuchung der Eierstöcke dieser Weibchen wies nach, dass gleich nach der Ablegung der reifen Eier schon die Bildung neuer Eier vor sich geht, also der Fisch dazu bestimmt ist, nach einer gewissen Periode wieder aus dem Meere zurückzukehren und abermals zu laichen. Ja noch eine dritte Generation von Eiern ist bereits angelegt, worüber im anatomischen Abschnitt näheres mitgetheilt werden wird.

Die Fischer behaupten, dass die Laichlachse, welche so lange in unseren Flüssen geblieben sind, wieder silbrige Schuppen bekommen und ihr Fleisch wieder eine röthliche Farbe annimmt auch wurden mir solche Fische gezeigt, die schon die Schuppen etwas silbrig hatten.

Solche Kennzeichen mögen dem Fischer am frisch gefangenen Fische deutlicher erscheinen als einem anderen Beobachter an einem längere Zeit todten Exemplare und ist diese Sache ferneren Beobachtungen sehr zu empfehlen.

In den untersuchten Exemplaren wurden bereits Nahrungsreste vorgefunden. Im Nro. 19 fanden wir am 15. März eine Insectenlarve, ebenso im April und Mai einzelne Phryganaenlarven. Am 25. April (Nro. des Protokolls 247) fanden wir den Magen leer, aber den ganzen Darm vom Pylorus bis zum After mit Insectenlarven vollgepfropft.

Der Angelfischer Jac. Bauer fand im Magen eines im Behälter mit Struwitzen zusammengehaltenen abgelaichten Lachse eine dieser Struwitzen.

Für die Behauptung, dass manche abgelaichte Lachse sterben, habe ich nicht sichere direkte Daten sammeln können, obzwar hie und da erzählt wurde, dass ein Tulák todt vorgefunden wurde. Es wäre kein Wunder, wenn dies stattfände, denn ein solcher abgelaichter Lachs scheint wenig Lebenskraft zu besitzen, trägt oft grosse Wunden und wenn er nicht bald in das Meer zur erquickenden Nahrung gelangt, so ist sein zu Grunde Gehen sehr wahrscheinlich.

Bedenkt man, dass ein solcher 1 m. langer Fisch vom März des einen Jahres bis zum April des nächsten Jahres, also 13 Monate keine Nahrung zu sich genommen hat, dann steht man vor einem interessanten Probleme, dessen Lösung bisher wohl nicht gelungen ist. (Näheres darüber im anatomischen Theile.)

## Das Leben des jungen Lachses im Quellgebiete der Flüsse und sein Zug nach dem Meere.

Die Verhältnisse, unter denen die Salmlinge in den Gebirgsbächen und Flüssen leben, sind am genauesten an der „Wattawa" bekannt. Die im Flusse auf natürlichem Wege befruchteten Eier sollen nach Versicherung des Angelfischers Jac. Bauer sehr spät, etwa anfangs Mai, ausschlüpfen, was von der niedrigen Temperatur des Flusswassers abhängen mag und auch in verschiedenen Jahren verschieden eintreffen wird, je nach dem oben im Gebirge noch viel Schnee liegt oder nicht. Diese jungen Lachse sollen im Juni 40 mm. lang werden und würden somit bald die künstlich gezüchteten einholen. (In den Brutanstalten schlüpfen die jungen Lachse schon im März aus, weil das Brutwasser $+ 3—4°$ R hat und werden im Mai nach Schwund des Dottersackes in den Fluss eingesetzt.)

In Nachfolgendem kann bei der Beschreibung der Lebensverhältnisse kein Unterschied zwischen den natürlich und den künstlich gezogenen Salmlingen gemacht werden.

Das Verbreitungsgebiet der Salmlinge, welche hier unter dem Namen Strdlice, deutsch Struwitzen, bekannt sind, erstreckt sich aus der Gegend von Horaźdovic, namentlich von Hičic ab, stromaufwärts über Schüttenhofen, Langendorf, Annathal, Unterreichenstein bis zum Zusammenfluss des Vydra, und Kieslingerbaches. Von hier ab bevorzugen die Salmlinge den Kieslingerbach und lassen sich bis „Stadeln" beobachten. Vom letztgenannten Orte an ist bergaufwärts das Wasser so schaumig, dass jede Beobachtung ausgeschlossen ist.

Der Vydrabach wird deshalb von den Salmlingen nicht bewohnt, weil er oft arm an Wasser ist, welches unterhalb Maader durch einen Holzschwemmkanal in den Kieslingerbach geleitet wird.

Auf der geschilderten Strecke ist der Salmling heutzutage sehr häufig und hinter jedem Steine im Flussbette „steht" einer. Oberhalb Schüttenhofen bei der Páteček-Mühle sollen im Sommer auf 500 Schritt sicher eben so viele Salmlinge anzutreffen sein.

Die Fischer Markuci und Bauer fiengen behufs Markirung in meiner Gegenwart in 1 Nacht über Hundert Stück Salmlinge. Im oberen Theile dieser Lachskammer, z. B. bei Langendorf, halten sich die kleinsten Struwitzen auf im Gewichte von 4—6 Dekagrammen.

Bei Schüttenhofen ist das Durchschnittsgewicht bereits 8 Dk.

Am unteren Ende der Salmlingregion bei Hičic werden Struwitzen gefangen, welche bis zu 11 Dk. Gewicht haben und von den Fischern als 8lothige bezeichnet werden.

Es ist eine Frage, ob diese Grössenunterschiede vom Alter oder von der Ausgiebigkeit der Nahrung und der Temperatur des Wassers abhängen. Ebenso fraglich ist es, wie lange sich die Salmlinge in dieser Gegend aufhalten und von was die Grössenunterschiede von Salmlingen abhängen, welche zu gleicher Zeit an einem Orte gefangen werden.

Im September 1885 fand ich beim Angelfischer J. Bauer in Neuhäuser drei Grössenkategorien von Salmlingen.

1. Im Bache bei der Bruthütte gefangene, 7 cm. lange, angeblich „heurige" demnach halbjährig,

2. Im Wattawaflusse gefangene, 14 cm. lange, angeblich vorjährige, demnach 1¹⁄₂ Jahre alte.

3. Ebenfalls im Wattawaflusse gefangene, 18 cm. lange, angeblich 2jährige, demnach 2¹⁄₂ Jahr alte.

Reiht man an diese drei Stadien noch dasjenige von Hičic, die 8lothigen Struwitzen von 20 cm. Länge und ein in Prag 30. März gefangenes Exemplar von 28 cm. Länge und 19 8 Dek. Gewicht; dann hat man zu erwägen, in was für einem Altersverhältniss diese verschieden grossen Fische stehen und wenn nicht vom Alter, also von was hängen diese Differenzen ab, von der Grösse der Mutterfische, von der Nahrung oder von dem Gebiete des Flusses?

Ausgeschlossen ist die Möglichkeit nicht, dass manche Salmlinge über 2 Jahre im Quellgebiete bleiben.

Einen Salmling erhielt ich auch vom Herrn Peter Fischer, Mühlenbesitzer in Lobkovic an der Elbe, mehrere von 17—25 cm. Länge und 5—13 Dk. Gewicht im April von Elbeteinitz.

Im unteren Theile der Wattawa, von Horažďovic stromabwärts, werden zuweilen einzelne Salmlinge auf die Angel gefangen (zum Beispiel bei Pisek von Prof. Aksamit 1870), aber von diesen glaube ich, dass das Salmlinge sind, welche schon am Wege nach dem Meere sind und nach und nach in tieferen Lagen des Flussgebietes herabrücken.

Solche Fälle kommen auch in Prag vor, wo am Lachsfange jährlich namentlich im Mai und Juni welche gefangen werden.

Der Erwähnung verdient ein Massenfang von Salmlingen unterhalb der Mühlen an der Hetzinsel in Prag, wo man etwa im J. 1860 auf einen Zug an 300 Fische fing, die man für Forellen hielt, die aber gewiss Salmlinge waren. Da an der genannten Stelle in jedem Herbst laichende Lachse beobachtet werden, welche durch die Mühlen am weiteren Zuge gehindert wurden, so müssen wir daraus schliessen, dass die Salmlinge dieses Massenfanges an dieser Stelle zum Ausschlüpfen kamen und hier gross gewachsen sind. Das frische nie zufrierende Wasser dieses Moldauarmes und hinreichende Nahrung unter den Steinen mögen zum Gedeihen der Salmlinge beigetragen haben.

Dies ist ein Beispiel, welches die Annahme gestattet, dass ein Lachs im Nothfalle auch in einem grösseren Flusse an dazu geeigneten Stellen zum Laichgeschäft sich entschliesst und dasselbe mit Erfolg durchführt. Aehnlicher Herkunft mögen auch einzelne Salmlinge sein, welche mir mitten im Winter aus der Umgegend von Prag, z. B. Troja, eingeliefert wurden.

Ueber das Leben und den Zug der Salmlinge im Adlergebiete und in der Elbe haben wir spärlichere Daten. Es gelang mir nicht aus der Gegend oberhalb Senftenberg einen Salmling vor der Errichtung der Lachsbrutanstalten zu erhalten. Jetzt wimmelt es freilich in allen Zuflüssen der Wilden und Stillen Adler von Salmlingen, die aber künstlich gezogen wurden.

Von der Zeit des Zuges nach dem Meere habe ich bloss Daten von Elbeteinitz durch meinen Freund Ferdinand Perner erhalten.

### Verzeichniss der in Elbeteinitz gefangenen Salmlinge.

| | | | | | |
|---|---|---|---|---|---|
| 1879 | 2. Mai | 1 | 1887 | 24.—25. April | 5 |
| 1884 | von 25. April bis 6. Mai | 10 | | November | 4 |
| 1885 | vom 20.—30. März | 3 | 1888 | 4.—30. April | 13 |
| | 1.—29. April | 10 | | 2.—14. Mai | 5 |
| | 2.—30. Mai | 27 | | 10.—17. Oktober | 4 |
| | Oktober | 2 | 1889 | 31. März | 1 |
| | Dezember | 1 | | 19. April | 1 |
| 1886 | 7.—30. April | 24 | | 24. April | 7 |
| | 1.—28. Mai | 13 | | Oktober | 4 |
| | Juni | 5 | 1890 | März | 5 |
| | Juli | 1 | | 17.—29. April | 12 |
| 1887 | 26.—29. März | 4 | | 1.—28. Mai | 7 |

Den Zug nach dem Meere treten die Salmlinge in der Regel an, wenn sie etwa Spannenlänge erreicht haben und fällt die Zeit desselben mit dem Eintritte der Frühjahrshochwasser zusammen.

Zwei Thatsachen, die ich hier anführen will, deuten darauf hin, dass wir von der gründlichen Kenntniss der Biologie des Lachses noch weit entfernt sind. Zuerst will ich des Ausspruches eines greisen Fischers Žehour in Horažďovic erwähnen, welcher versicherte, dass der grösste Theil der Salmlinge schon im Herbste des Jahres, in welchem sie geboren wurden, nach dem Meere zieht und dass nur ein kleiner Theil derselben an der Geburtstätte verweilt. Ich verzeichnete diese Bemerkung, ohne ihr grosse Bedeutung beizulegen; erinnerte mich aber wieder dieses Ausspruches bei Constatirung der Thatsache, dass 95% der bei Schüttenhofen gefangenen Salmlinge Männchen sind.

Da kam mir unwillkührlich der Gedanke, ob die Weibchen nicht viel früher ins Meer gezogen sind und die Männchen sich desshalb länger im Quellgebiete der Flüsse aufhalten, um an dem Laichgeschäfte im Herbste neben den alten Lachsmännchen oder dieselben vertretend sich zu betheiligen.

Um einigen Anhalt für die Dauer des Aufenthaltes der Salmlinge zu sammeln, liess ich 200 Stück einfangen, markirte dieselben durch Abschneiden der Fettflosse und liess sie wieder los. Im nächsten Frühjahre wurde bloss ein einziger der markirten gefangen, von dem der Fischer behauptete, dass er krank war, weil er beim Markiren gequetscht worden sein mag. (In diesem Jahre soll in Schüttenhofen ein grosser Lachs ohne Fettflosse gefangen worden sein, kam aber nicht in die richtigen Hände.) Alle übrigen waren verschwunden und sind wohl mit den Frühjahrswässern ins Meer gegangen.

## Die Lachsbrutanstalten in Böhmen.

Der erste Versuch mit der Befruchtung von Lachseiern wurde in Böhmen bereits im Jahre 1824 auf der Herrschaft Horažďovic vom Direktor Herrn Studený mit günstigem Erfolge durchgeführt. (Flussfischerei p. 25.) Dann züchtete Lachse im Jahre 1869 der Fischmeister Herr Černaj in Frauenberg

Lachsbrutanstalt in Edmundsgrunde bei Herrnkretschen.

Der Anlass, warum ich mich um die Hebung des Lachsstandes zu kümmern begann, war der Umstand, dass in den siebziger Jahren der Lachs schon so selten wurde, dass am Prager Lachsfang bloss etwa 70 Stück gefangen wurden und der Pächter um Nachlass des hohen Pachtschillings ansuchte. Zu dieser Zeit war beim h. Ackerbauministerium die Geneigtheit eine Centralfischbrutanstalt für Böhmen mit grossem Aufwande zu errichten. Dies hielt ich bei dem Mangel an Erfahrungen für bedenklich und befürwortete die Errichtung von kleinen Versuchsstationen in den Quellgebieten unserer Flüsse.

Diesem Plane zu Folge rief ich über 30 Lachsbrutanstalten ins Leben, deren Vertheilung an meiner Fischereikarte von Böhmen dargestellt ist, von denen nun etwa die Hälfte ersprieslich wirkt. Näheres Detail darüber findet sich in meiner Broschüre „Künstl. Fischzucht" 1874 und in den Berichten über Lachszucht 1874-75 und 1876—79. Hier folgt nur eine kurze Skizze der Geschichte der Anstalten.

1. Rakous bei Turnau. (Fr. Künstl. Fischzucht pag. 8.) Im Jahre 1869 begann mein Freund, der Bienenzüchter Prach, Lachse an einer warmen Quelle, die der Iser zufloss, zu züchten. Das Wasser war zu warm und zu luftleer und die Anstalt zu tief in der Aschenregion, wesshalb sie nach einigen Jahren aufgelassen wurde.

Bruthütte an der Kauterka-Quelle im Jahre 1873.

2. Herrnskretschen bei Niedergrund an der Elbe. Die ersten Versuche mit der Befruchtung der Lachse wurden hier von dem Forstcontrollor Herrn Pokřikovský bereits im Jahre 1870 durchgeführt. Am 4. November wurden über 4000 Lachseier befruchtet, ein Quellwasser von 3° R. darüber geleitet und die Fischchen schlüpften am 14. Feber, gerade nach 100 Tagen aus, worauf sie nach Verschwinden des Dottersackes in den Kamnitzbach ausgelassen wurden. Dieser auf meinen Antrag durchgeführte Versuch wurde damals von der patr.-ökon. Gesellschaft zu Prag mit 100 fl. prämiirt. Seit der Zeit werden alljährlich die in den Kamnitzbach aufsteigenden Lachse zur Gewinnung von Eiern benützt (in letzter Zeit vom Forstcontrollor Herrn Jaroschka), die von da an verschiedene Brutanstalten in Böhmen versandt werden. Ein Theil der Eier wird auch dort herangezogen und in den Kamnitzbach eingesetzt.

3. Schüttenhofen. Die erste kleine Bruthütte wurde auf Kosten der Prager Stadtgemeinde mit dem Aufwande von 50 fl. an der starken Quelle Kanturka 1 Kilom. oberhalb Schüttenhofen im Jahre 1871 gegründet und daselbst mehrere Jahre hindurch Lachseier in Kuffrischen Bruttiegeln ausgebrütet. Die Temperatur des Wassers betrug 5° R. und da die Anstalt im Winter schwer zu gänglich war und einmal durch Hochwasser fast ganz vernichtet wurde, so war ich bestrebt, in Schüttenhofen selbst eine geeignete Stelle für eine grössere Bruthütte ausfindig zu machen. Es gelang am rechten Wattawa-Ufer unterhalb des Kapucinerklosters eine Stelle zu finden, wo das aus der Wasserleitung des Klosters überschüssige Wasser in den Fluss herabsickerte. Dieses wurde gefasst und nach der neuen Anstalt geleitet, welche mit der Unterstützung des löbl. Landesculturrathes und der Prager Stadtgemeinde, mit dem Aufwande circa 500 fl. aufgebaut wurde. Dies wurde aber erst möglich nachdem die löbl. Navigationsbehörde durch eine kräftige Mauer das Ufer schützte

Joseph Markuol,
Leiter der Landeslachsruchtanstalt
in Schüttenhofen.

Die Lachsbrutanstalt in Schüttenhofen.

In der Anstalt sind an 40 kalifornische Brutapparate aufgestellt und wurden hier bisher von dem greisen Fischzüchter Joseph Markuci schon über $2^1/_2$ Millionen jungen Lachse gezogen und in die Wattawa oberhalb Schüttenhofen ausgesetzt, und zwar:

| | | | |
|---|---|---|---|
| 1871—74 | . . . 123.244 | 1887 | . . . . . 207.000 |
| 1875—80 | . . . 256.022 | 1888 | . . . . . 208.000 |
| 1881—82 | . . . 163.000 | 1889 | . . . . . 203.948 |
| 1883 | . . . . . 159.500 | 1890 | . . . . . 222.500 |
| 1884 | . . . . . 266.950 | 1891 | . . . . . 213.000 |
| 1885 | . . . . . 199.800 | 1892 | . . . . . 163.634 |
| 1886 | . . . . . 119.500 | 1893 | . . . . . 116.100 |

Zusammen . . . 2,622.188

4. Saar in Mähren. Im Quellgebiet des Sazava-Flusses züchtete mein Freund Dr. Juren im Jahre 1873 7000 Rheinlachse, als sich aber herausstellte, dass in den Bächen, wo die Lachsbrut ausgesetzt wurde, es von jungen Barschen wimmelt, wurden die Versuche die Sazava von hier aus mit Lachsen zu besetzen, eingestellt.

5. Hirschbergen bei Oberplan. Hier wurden im Jahre 1872—74 an 30.000 Rheinlachseier ausgebrütet und in die Zuflüsse der oberen Moldau ausgesetzt. Der Tod der Frau Therese Stumpf, welche die Anstalt leitete und Versetzung ihres Gemahls auf einen anderen Posten, machte den Versuchen ein Ende. Uebrigens haben neuere Beobachtungen gelehrt, dass die jungen Lachse, welche von hier bei Kienberg in die Moldau zogen, den daselbst so häufigen Hechten zu Gute kommen.

6. Neuwelt bei Rochlitz. In der Graf Harrachischen Brutanstalt wurden im Jahre 1873 2000 Rheinlachseier für die Zuflüsse der grossen Iser gezüchtet. Nachdem ich die zahlreichen Wehre, Turbinen und Verunreinigungen an der Iser kennen lernte, sistirte ich die weiteren Versuche.

7. Langendörflass bei Tachau. Im Jahre 1873 wurden an 2000 Rheinlachseier ausgebrütet und in den Miessfluss ausgelassen. Es war dies der erste aber auch der letzte Versuch, die Beraun mit Lachsbrut zu besetzen.

8. Kienberg bei Hohenfurth. Hier wurden mehrere Jahre hindurch die von mir gesandten Rheinlachseier zur Ausbrütung gebracht, die jungen kleinen Fische theils in den Moldaufluss ausgelassen, theils in den Teichen bei der Brutanstalt vom Klosterfischer Gafgo zu bedeutender Grösse herangezogen. Nach Errichtung mehrerer Brutanstalten im Quellgebiete der Moldau, nahm ich Abstand von weiterer Aussetzung von Lachsbrut in die an Hechten reiche Moldau bei Kienberg, da hier in der Umgebung keine geeigneten Bäche vorhanden sind, in welchen die jungen Lachse ungestört heranwachsen könnten.

9. Poschingerhof bei Klattau. Die Anstalt des Herrn E. Müller übernahm einmal 2000 Rheinlachseier zur Aufzucht für die Zuflüsse der Wattawa. Weil das benutzte Bachwasser allzustark in der Temperatur von 1 bis 15° R. schwankte, waren die Verluste gross und wurden die weitere Versuche eingestellt.

10. **Čihák oberhalb Senftenberg.** Von der Direktion der Herrschaft Senftenberg wurden bei Čihák, der eigentlichen Laichstätte der Wilden Adler Versuche mit der Erbrütung von Rheinlachseiern gemacht. Die von den steilen Flussufern herabstürzenden Schneewasser zeigten bald, dass hier nicht der richtige Ort für eine Lachsbrutanstalt ist.

11. **Čtenic bei Čakovic.** Diese Anstalt wurde eigentlich zur Saiblingszucht eingerichtet und leistete in dieser Beziehung sehr gutes. Der Versuch daselbst in Prag befruchtete Lachseier bis zum Erscheinen der Augenpunkte zu pflegen scheiterte.

Fürst Schwarzenbergische Lachs- und Forellenbrutanstalt in Tusset bei Böhm. Röhren.

12. **Kostelec an der Adler.** Im J. 1881 auf Landeskosten gegründet, wurde die Anstalt mit grossem Eifer vom ersten böhmischen Fischereiverein in Adlerkostelec geleitet. Die Erfahrung lehrte, dass die Anstalt zu tief stromabwärts angelegt ist und dass die Lachsbrut weit stromaufwärts verführt werden muss, was mit sehr vielen Mühen verbunden war. Sie züchtete an Lachsbrut:

| | | | | | |
|---|---|---|---|---|---|
| 1881 | . . . . . . 51.297 | 1886 | . . . . . . 50.000 |
| 1882 | . . . . . 92.500 | 1887 | . . . . . 27.000 |
| 1883 | . . . . . . 147.650 | 1888 | . . . . . 39.293 |
| 1884 | . . . . . 97.147 | 1889 | . . . . . 29.500 |
| 1885 | . . . . . 58.365 | 1890 | . . . . . 28.678 |

Zusammen . . . . 622.410

Da überdies das Wasser 8—9° R. hatte, wurde die Züchtung der Lachse hier eingestellt und weiter stromaufwärts nach Nekoř und Gabel verlegt.

13. **Kaaden.** Der strebsame Fischereiverein züchtete in den Jahren 1884 bis 1888 von den vom deutschen Fischereiverein in Berlin eingesandten Rhein-lachseiern 67.250 junge Fischchen, welche in die Zuflüsse der Eger ausgelassen wurden. Diese Bäche sind aber nicht dazu geeignet, um den jungen Lachsen, bis zur Erlangung der Länge der Struwitzen Unterkunft zu bieten, denn es sind keine Forellenbäche sondern Grundelbäche, die meist durch Ortschaften fliessen und stark verunreinigt werden. Da es auch überdies nicht dazu kam, die Eger bei Theresienstadt für die Laichlachse passirbar zu machen, so unterliess ich die weitere Zusendung von Lachseiern nach Kaaden.

14. **Karlsbad.** In der Fischbrutanstalt des Herrn Julius Pupp in Pirken-hammer wurden in den Jahren 1884—87 über 150.000 junge Lachse gezogen und in die Zuflüsse der Tepl ausgesetzt. Ein Erfolg wurde nicht bemerkt.

Bruthütte in Neustadtl bei Langendorf.

15. **Schillerberg bei Kuschwarda.** Der Revierförster Horák gründete im J. 1885 eine kleine Brutanstalt an schwachen, im Walde gesammelten Quellen und züchtete in den Jahren 1885 bis 1890 65.440 jungen Lachse für die grasige Moldau. Seine Versetzung auf einen entfernten Posten machte den Versuchen ein Ende.

16. **Eleonorenhein.** In der Brutanstalt des Herrn Heinrich Kralik züchtete Herr Märwald in den Jahren 1885—90 95.747 junge Lachse für die warme Moldau. Beim Forellenfangen werden jetzt öfters auch junge Lachse gefangen.

17. **Tusset bei Böhm. Röhren.** In der Fürst Schwarzenbergischen Fischbrutanstalt züchtete Anton Ruttensteiner in den Jahren 1885—93 286.858 Stück

5*

Rhein- und Elbelachse für die kalte Moldau. Das in den letzten Jahren beobachtete regelmässige Erscheinen von Laichlachsen in der Gegend von Hohenfurth mag mit der Thätigkeit dieser Anstalt zusammenhängen. Die Anstalt wird mit zweierlei Wasser versorgt: mit Quellwasser aus einer moorigen Urwaldpartie und mit dem Flusswasser der kalten Moldau, das aus dem Eintriebskanal der Räsonanzbodenfabrik mittelst eines amerikanischen Widders in die Anstalt getrieben wird.

18. **Neustadtl bei Langendorf (Schüttenhofen).** Der Angelfischer Jakob Bauer in Neuhäuser züchtete in den Jahren 1885 bis 1892 über 300.000 junger Lachse theils aus Eiern von Rheinlachsen, theils aus hier gefangenen und mit der Milch der Struwitzen befruchteten Eiern. Die ganz primitive Anstalt hat Doppelwände mit Sägespänefüllung und wird durch Bachwasser von 2-3° R. gespeist.

Jakob Bauer,
Angelfischer in Neuhäuser bei Langendorf. Typ eines Böhmerwaldfischers.

19. **Schröbersdorf bei Unterreichenstein.** Herr Raab, gräflich Thunischer Holzplatzaufseher, züchtete in den Jahren 1888 bis 1893 theils Rheinlachse, theils einheimische nahe an 200.000. Da hier eine ausgezeichnete Stelle für die Lachszucht ist, wurde über meinen Antrag mit ausgiebiger Hilfe des Herrschaftsbesitzers und mit grosser Zuvorkommenheit des löbl. Forstamtes in Grosszdikau eine neue Bruthütte mit Bachwasserversorgung in dem verflossenen Herbste aufgebaut, die in der Lage sein wird, eine ¼ Million Lachseier auszubrüten, bis die nöthigen Brutapparate beschafft sein werden. (Weiter stromaufwärts wäre nur noch die Vinzenzsäge zur Placierung einer Lachsbrutanstalt zu empfehlen.)

20. **Zaluž bei Bergreichenstein.** Der äusserst strebsame Fischzüchter Herr J. Moravec, Revierförster, züchtete in den zwei letzten Jahren über 50.000 Rheinlachse für die Bäche, welche bei Schichowitz in die Wattawa einmünden. Die mit ausgezeichnetem Bachquellwasser versorgte Anstalt ist für die Aufzucht der Lachsbrut für die Wattawa äusserst günstig situirt, nur wäre zu wünschen, dass die jungen Lachse hier auf ihrem Wege nach der Wattawa sorgfältiger geschont werden möchten, als es bisher in Schichowitz geschah.

21. **Elčovic bei Volyn.** Ueber Anregung des Lehrers Herrn Liška züchtete der Müller Herr Havrda in den Jahren 1887—90 an 44.000 Rheinlachse, welche in die Zuflüsse der Volínka ausgelassen wurden und dem Wattawagebiete zu gute kommen. Das vom Eintriebskanal benützte Bachwasser ist oft getrübt und bei starken Frösten geräth die Anstalt in Stocken.

22. **Zálesí bei Elčovic.** Ebenfalls über Anregung des Lehrers Herrn Liška, eines eifrigen Apostels für Fischzucht, erbaute der Grundbesitzer Herr Masák eine Brutanstalt an einer in seinem Walde gelegenen Quelle und züchtete in den Jahren 1888—93 über 73.000 Rheinlachse für die Zuflüsse der Volynka.

Brutanstalt des Revierförsters Moravec in Zalaž bei Bergreichenstein.

23. Kellne bei Winterberg. Die Brettsägenverwaltung züchtete in den Jahren 1885—92 über 80.000 Rheinlachse an einer sehr kalten Quelle, die am Fusse des Kubani Urwaldes entspringt. Die Versuche hatten den Zweck das Flussgebiet der Planitz über Husinec und Wodňan mit Lachsbrut zu besetzen. Die Brut wurde in das sogenannte Zigeunerbachel ausgesetzt.

24. Rokytnic bei Senftenberg. Der Oberförster Herr Ezer züchtete an den Zuflüssen der Wilden Adler in den Jahren 1879—92 über 260.000 Lachse. Das Gedeihen der ausgesetzten Lachsbrut wurde wiederholt durch Einsendung von halbjährigen Salmlingen, die in den Bächen der Umgebung gefangen wurden, nachgewiesen. Die Anstalt ist bisher an einer warmen Quelle gelegen und sollte weiter thalabwärts verlegt und auch mit Bachwasser versehen werden.

25. Nekoř bei Geiersperk. Der vom Lehrerstande geleitete Fischereiverein züchtete in den Jahren 1885—93 über 750.000 theils Rheinlachse, theils einheimische von Herrnskretschen. Die ursprüngliche Brutanstalt war an einer warmen Torfquelle angelegt, die neue wurde tiefer ins Thal verlegt und mit grossem Aufwande von Mühe und Kosten sowohl mit Quell- als Bachwasser versorgt, so dass sie in dieser Beziehung als Musteranstalt gelten muss. Die californischen Brutapparate können an 300.000 Lachseier bergen. Die Brut gedeiht in den Zuflüssen der Wilden Adler ausgezeichnet und hat diese Anstalt für die Züchtung der Elbelachse eine grosse Bedeutung.

26. Gabel an der Adler. Auch hier ist es der vom Lehrerstande mit Sachkenntniss geleitete Fischereiverein, der für die Besetzung der Stillen Adler

mit Lachsbrut sorgt. In den Jahren 1886—93 züchtete der Verein über 800.000 Rheinlachse und einheimische von Herrnskretschen in einer Anstalt, welche von ausgezeichnetem Bachquellwasser der städtischen Wasserleitung versorgt wird.

27. Tažovic bei Volenic. Der dortige vom Lehrer Liška ins Leben gerufene Fischereiverein züchtete in den letzten Jahren auch kleinere Partien von Rheinlachsen für die Zuflüsse der Wattawa.

28. Čkýn bei Volyn. Die Gutsverwaltung züchtete auch in den letzten Jahren kleinere Partien von Rheinlachsen für die Volynka unter ziemlich unbequemen Verhältnissen an einer abseits im Walde entspringenden Quelle. Die ursprünglich an der Volynka gelegene Anstalt, welche gut situirt war, liess man eingehen.

29. Adolf bei Winterberg. Herr Karl Ritter von Kralík züchtete mehrere Jahre nach einander kleinere Partien von Rheinlachsen für die Volynka.

**Statistik der Lachszucht in Böhmen während der verflossenen 23 Jahre.**

Es wurden im Ganzen mehr als 7 Millionen Lachsen ausgelassen und zwar:

| Im Jahre 1871 | 4.500 | | Im Jahre 1883 | 310.000 |
|---|---|---|---|---|
| „ 1872 | 8.772 | | „ 1884 | 487.113 |
| „ 1873 | 72.180 | | „ 1885 | 452.770 |
| „ 1874 | 87.500 | | „ 1886 | 305.245 |
| „ 1875 | 76.750 | | „ 1887 | 791.967 |
| „ 1876 | 41.000 | | „ 1888 | 610.443 |
| „ 1877 | 169.305 | | „ 1889 | 736.011 |
| „ 1878 | 66.000 | | „ 1890 | 729.118 |
| „ 1879 | 59.422 | | „ 1891 | 643.814 |
| „ 1880 | 270.000 | | „ 1892 | 716.132 |
| „ 1881 | 180.000 | | „ 1893 | 215.000 |
| „ 1882 | 112.000 | | Zusammen | 7,045.062 |

Aus der vorangehenden Uebersicht sieht man, dass man nicht Mühe, Kosten und Zeit gespart hat, um die Flüsse Böhmens mit Lachsbrut zu besetzen. Jeder wird einsehen, wie schwierig es ist, bei dem geeigneten Wasser auch die geeignete Persönlichkeit zu finden, die sich der mühsamen Arbeit der Leitung einer Brutanstalt in den ärgsten Wintermonaten zu unterziehen geneigt wäre. Es gehört dazu Liebe zur Sache und in den meisten Fällen arbeiteten die Fischzüchter unentgeltlich oder erhielten einen kleinen Ersatz für Baarauslagen und Zeitversäumniss, die per 1 fl. für 1000 erbrütete Fischchen bemessen wurde.

Die meisten der gegründeten Anstalten waren nur als Versuche aufzufassen und mussten besser situirten Platz machen.

Im ganzen zeigte es sich, dass die Lachsbrutanstalten nur in der oberen (hechtleeren) Aeschenregion mit Vortheil wirken können, in derselben Region, wo auch der junge, ohne Zuthun des Menschen geborene Lachs gedeiht.

Für das Moldaugebiet haben für die Zukunft Bedeutung ersten Ranges: Schüttenhofen, Schröbersdorf und Tusset, für das Elbe-Adlergebiet: Nekoř u. Gabel.

In den gut geleiteten und mit gutem Wasser versehenen Anstalten könnten jährlich etwa folgende Quantitäten von Lachseiern untergebracht werden:

| | |
|---|---:|
| Schüttenhofen | 250.000 |
| Neustadtl (Langendorf) | 100.000 |
| Schröbersdorf | 200.000 |
| Záluž | 50.000 |
| Tažovic | 50.000 |
| Zálesí | 50.000 |
| Tusset | 100.000 |
| Nekoř | 250.000 |
| Gabel | 250.000 |
| Rokytnic | 50.000 |
| In mehreren kleineren Brutanstalten | 150.000 |
| Zusammen | 1,500.000 |

Es können demnach anderthalb Millionen Lachseier gut in den Brutanstalten untergebracht werden und ist in dieser Beziehung in Böhmen hinreichend vorgesorgt, denn es ist nicht wahrscheinlich, dass auch bei ausgiebigeren Geldmitteln mehr Lachseier beschafft werden könnten.

Der unmittelbare Erfolg dieser Bemühung ist vorerst in dem Umstande zu erblicken, dass es in den kleinen Gewässern der Umgebung der Brutanstalten an ein- und zweijährigen Lachsen stellenweise wirklich wimmelt.

Das weitere Schicksal der Lachsbrut entzieht sich unserer Beobachtung. Was auf der langen Reise der Elbe entlang nach dem Meere und im Meere aus den von uns herangezogenen Lachsen wird, darauf haben wir keinen Einfluss und auch davon keine Kenntniss.

Das noch gesteigerte Ausbrüten an den sich bewährten Anstalten findet seine Regelung und seine Grenzen in der Nahrungsfrage der ausgelassenen Fischchen und mehr als 2—300.000 in einer Gegend auszusetzen, wäre meiner Ansicht nach zwecklos. Nur durch Vermehrung von Brutanstalten würde die Möglichkeit geboten, noch mehr Brut als bisher auszusetzen.

Ueber die Schwierigkeiten des statistischen Nachweises der Zunahme an grossen Lachsen wurde bereits weiter oben pag. 45 gesprochen.

## Versuche mit der Gewinnung von Eiern einheimischer Lachse.

Es wäre das natürlichste und auch das richtigste die einheimischen Lachse zur Gewinnung von embryonirten Eiern zu benützen, einerseits um die Kosten zu ersparen, welche der Ankauf von Lachseiern fremder Flussgebiete fordert, andererseits um der Unsicherheit auszuweichen, ob zum Beispiel die aus Rheinlachseiern gezüchteten jungen Lachse in ganz fremdem Flussgebiet der Moldau und Elbe sich zurechtfinden und gedeihen.

Wie der Bericht über die in dieser Richtung unternommenen Versuche zeigen wird, ist es in Böhmen mit ganz ungewöhnlichen Schwierigkeiten verbunden, einheimische Lachse zur Zucht zu erlangen. Regelmässig seit 1871 werden Lachseier bloss im Kamnitzbach bei Herrnskretschen (bei Niedergrund an der Elbe) im November befruchtet, und in früheren Jahren durch die Sorge des Herrn Forstcontrollors Pokřikovský, in neuerer Zeit durch die Gebrüder Jaroška, bis zum Erscheinen der Augenpunkte gepflegt. Nur wenn im Oktober und November an der Elbe kleiner Wasserstand ist und der Kamnitzbach genug Wasser hat, steigen Laichlachse in den letzteren. (Näheres darüber in Flussfischerei pag. 30. u. künstl. Fischzucht pag. 7.)

Im übrigen Böhmen liegt die grosse Schwierigkeit darin, dass je nach dem Wasserstande die Lachse zur Zeit der Reife jedes Jahr anders wo gefangen werden. Die Erlangung von geschlechtsreifen Exemplaren in Prag ist bisher nicht gelungen. Einmal bewahrte ich mit grossen Kosten und Ungelegenheiten zwei Weibchen in einem grossen Behälter bei den Mühlen an der Hetzinsel bis Weihnachten. Ein Männchen wurde vom Pächter P. gefangen, aber dessen Ueberlassung zur Zucht schroff abgelehnt.

Im Jahre 1876 gelang es in Elbeteinitz dem Herrn Ferd. Perner zwei Pärchen am 13. November zur Zucht zu benützen. Die frisch befruchteten Eier sandte ich an verschiedene Brutanstalten, wo nur wenige Procente zur Ausschlüpfung gelangten.

Im Jahre 1886 führte ich in Obřistvi die Befruchtung mehrerer Lachsweibchen durch und sandte die Eier sogleich nach Schüttenhofen, wo aus denselben etwa 60 Procent Fische ausschlüpften.

Bei Obřistvi wurde eine kleine Bruthütte an einem Quellteiche angelegt, um daselbst die Eier bis zum Erscheinen der Augenpunkte zu pflegen. Die Gelegenheit dies durchzuführen stellte sich bisher nicht ein und die Bruthütte litt stark durch Ueberschwemmung der Elbe.

Die weiteren Versuche zeigten, dass es am zweckmässigsten ist, laichreife Weibchen nach Schüttenhofen zu schicken und dort die Eier mit der Milch der Struwitzen zu befruchten, was nun wiederholt gelang und auch eben jetzt wiederholt wird.

Viel besser stehen die Verhältnisse an der Wattawa oberhalb Schüttenhofen, wo der Angelfischer Bauer in Neuhäuser schon mehrere Jahre hindurch 30 bis 60 Tausend Eier einheimischer Lachse aufzieht und weiter oben am gräflich Thunischen Holzplatze bei Schröbersdorf (Unterreichenstein), wo Herr Raab ebenfalls in den letzten Jahren regelmässig circa 40.000 Stück Eier einheimischer Lachse mit der Milch von Struwitzen befruchtet und mit sehr geringen Verlusten aufzieht.

Die Entstehung einer Anstalt bei der Vincenzsäge an der Vereinigung des Vydra- und Kieslingerbaches, würde für diese Zwecke sehr erwünscht sein.

Zu massenhafter Gewinnung von Lachseiern, wie sie in Deutschland an manchen Orten möglich ist, kenne ich keine günstige Localität in Böhmen.

Im November sollte einem Fachmann die Besorgung einheimischer Lachseier als alleinige Aufgabe übertragen werden und hätte derselbe vollauf zu thun und könnte in günstigen Jahren grosse Quantitäten Lachseier besorgen, indem er frisch befruchtete nach den Brutanstalten senden würde.

Zur gerechten Beurtheilung dessen, was bisher in der Lachszucht in Böhmen geleistet wurde, mögen folgende Daten dienen.

Jährlich werden aus der Landessubvention und den Fischereikarten-Taxen zum Ankauf von Lachseiern 350 fl und auf Remuneration den Fischzüchtern auch 350 fl. (1 fl. à 1000 Fischchen) bewilligt. Auf Brutapparate und Reparaturen der Anstalten etwa 200 fl., auf Bereisung derselben 100 fl.

Der deutsche Fischereiverein sandte in den verflossenen Jahren jährlich 3—600.000 Rheinlachseier. Die Leitung der ganzen Angelegenheit wird vom Schreiber dieses seit mehr als 20 Jahren als Ehrenamt gratis geführt.

## Die Nahrung des Lachses.

Die Nahrung des Lachses ist je nach seinem Alter, sowie nach seinem Aufenthaltsorte sehr verschieden.

### A. Nahrung des jungen Lachses.

Im ersten Jahre, wo die Fischchen nur 5 bis 6 cm Länge haben, gelang es mir nicht Exemplare, die im Freien gefangen waren, an Ort und Stelle nach Nahrung zu untersuchen und dürfte dies nur einem im Quellgebiete der Flüsse wohnenden Naturforscher mit der Zeit möglich werden.

Von Salmlingen, die 14 bis 20 cm Länge hatten, wurden in Bezug auf Nahrung über 50 Stück aus verschiedenen Gegenden untersucht, namentlich von Schüttenhofen, Prag und Nekof.

Die ersten Exemplare, die ich untersuchte, wurden bei Troja unweit Prag gefangen und hatten den Magen voll von Roggenkörnern, was dadurch erklärlich ist, dass bei Troja vor Jahren Schiffe mit Roggen beladen gesunken sind. Ausserdem fand ich schon damals ein reifes Lachsei im Magen dieses Salmlings.

Es folgen nun die Beispiele des Mageninhaltes der untersuchten Exemplare.[*]

Nro. des Protokolls:

| 19., 21., 26. Prag | . . . . . . . . | Asellus aquaticus. |
| | | Baëtis-Larve. |
| | | Hydropsyche-Larve. |
| 62.—64. Schüttenhofen | . . . . | Ameisen. |
| | | Ancylus. |
| | | Baëtis. |
| | | Glossosoma. |
| | | Potamanthus. |
| 133. Schüttenhofen | . . . . . | Oligoplectrum maculatum, zahlreiche |
| | | Köcher. |
| | | Cloë-Larven. |

---

[*] Die Insekten-Larven bestimmte mir gefälligst Prof. Klapálek.

74

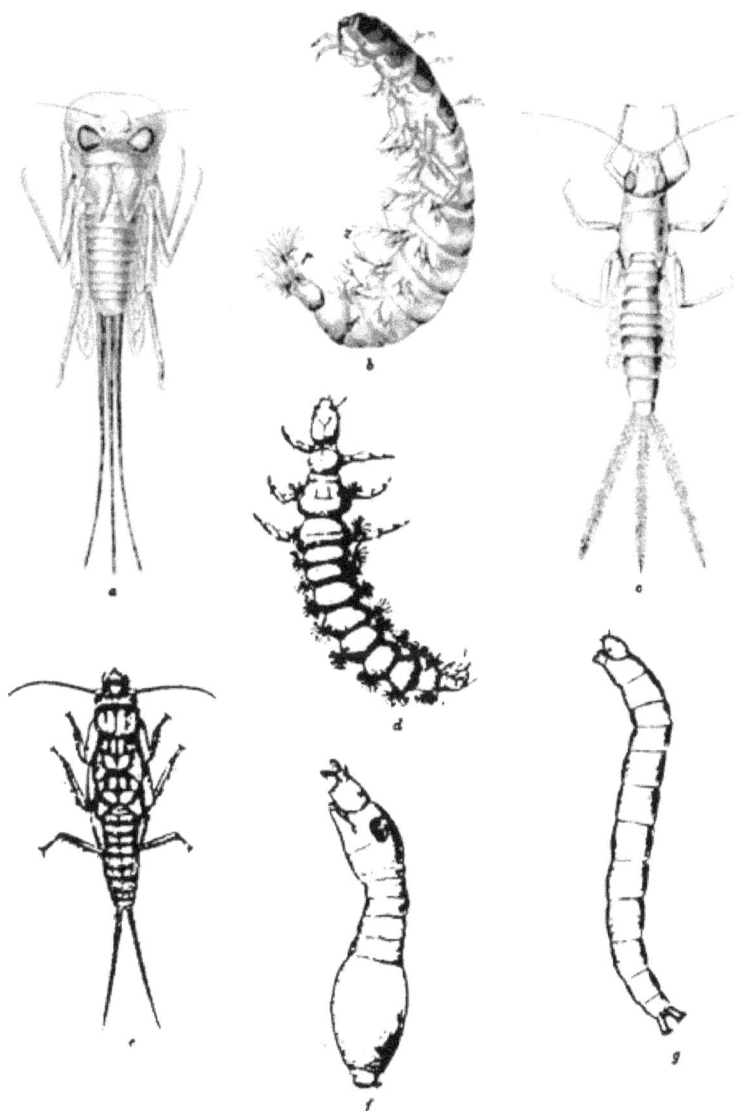

**Hauptformen der Insekten-Larven, welche die Nahrung des Salmlings ausmachen.**

*a* Baëtis. *b* Hydropsyche. *c* Cloë. *d* Rhyacophyla. *e* Perla. *f* Simulium. *g* Chyronomus.

In der Brutanstalt zu Schüttenhofen geschah es, dass Salmlinge in die mit Lachseiern gefüllten Brutapparate übersprangen. In deren Magen fanden sich über 40 Stück Lachseier und deren Hüllen, woraus zu sehen ist, dass sie auch in der Freiheit diese Nahrung nicht verschmähen.

Ausser den einzeln vorkommenden Insekten-Larven sind es hauptsächlich folgende Gattungen, welche die Nahrung der Salmlinge in unseren Gebirgsbächen und Flüssen bilden.

| | | |
|---|---|---|
| Baëtis. | Cloë. | Simulium. |
| Hydropsyche. | Chyronomus. | Ameisen. |

### B. Im Meere.

Von der Nahrung des Elbelachses im Meere wissen wir gar nichts, denn derselbe wird vor der Elbemündung im Meere selbst nicht gefangen und wir können nur nach der Analogie mit dem Lachse im baltischen Meere darauf schliessen. Dieser letztere nährt sich von Häringen, kleinen Aalen und mit Vorliebe von einem kleinen Fische Ammodites Tabianus, welcher auch an der englischen Küste als Köder zum Lachsfang benutzt wird.

Im Herbste kamen wiederholt auf den Prager Fischmarkt aus Stetin in der Ostsee gefangene Lachse, die im Magen 2 bis 3 Stück Häringe hatten, aber dies hatte entschieden Einfluss auf den Geschmack dieser meist sehr fetten Fische.

### C. Nahrung des erwachsenen Lachses während seines Zuges in die Flüsse.

Sobald der erwachsene Lachs den Zug in den Fluss antritt, nimmt er keine Nahrung mehr zu sich. Sein ganzer Sinn ist von dem Bestreben eingenommen, die Laichplätze in den Quellgebieten der Flüsse zu erreichen.

Bei keinem der stromaufwärts ziehenden Lachse wurde irgend welche Nahrung angetroffen und nur gelblicher, stellenweiso mit Galle gefärbter Schleim erfüllt den Darmkanal. Im Magen ist der Schleim zähe, in den pylorischen Anhängen rahmartig. Im Enddarm ist der Schleim gelbbraun.

Von den von mir untersuchten mehr als 100 Stück erwachsener Lachse hatte nicht ein einziger einen Nahrungsrest im Darmkanal.

An den Einlagerungsplätzen soll er zuweilen nach Insekten schnappen, was mehr zum Zeitvertreib als zur Ernährung geschehen dürfte. In der ganzen langen Fastzeit zehrt der Lachs an den Nahrungsstoffen, die im Fett und in der Musculatur aufgespeichert sind.

### D. Nahrung des ausgelaichten Lachses.

Nach Vollendung des Laichgeschäftes erwacht wieder im Lachse der Trieb nach Erhaltung seines Lebens und er beginnt, obzwar matt und kraftlos, dennoch verschiedene Insekten zu sich zu nehmen. Ein am 25. April 1887 bei Prag gefangenes ausgelaichtes Weibchen (Nro. des Protokolls 247) von 97 cm Länge und nur 3¹/₂ Kilo schwer, hatte den ganzen Darm vom Pylorus bis zum Rectum mit Insekten-Larven vollgepfropft.

Der Angelfischer Jacob Bauer hielt einen alten Lachs, den er zur Gewinnung der Eier verwendet hatte, in einem Behälter, zusammen mit Salmlingen und eines Tages gewahrte er im Rachen des Lachses einen Salmling und nach der Oeffnung des Magens einen zweiten Salmling daselbst.

# Die Anatomie des Elbelachses.

Die vorliegende Skizze der Anatomie des Lachses wurde zusammengestellt: erstens, um die speciell am Elbelachse gemachten Beobachtungen an geeigneter Stelle zu unterbringen und zweitens, um dem grösseren Publikum durch leicht verständliche Beschreibung und bildliche Darstellung einen Einblick in den Bau des schönsten und wichtigsten unserer Fische zu erleichtern.

Die im Vorhergehenden geschilderten Lebenserscheinungen, welche am Lachse von seiner Jugend an, bis zu seinem Grosswerden beobachtet wurden, hängen so innig mit seiner Organisation und mit mannigfaltigen Veränderungen einzelner Organe zusammen, dass ein Verständniss derselben ohne Einsicht in den Bau des Fisches nicht möglich ist.

Der Umstand, dass der Kopf des Lachses, sowie die Eingeweide keinen Werth als Nahrung haben, erleichtert die Erlangung dieser Theile behufs näherer Untersuchung und die zahlreichen Abbildungen, die ich beifüge, sollen dem Laien das Erkennen der einzelnen Organe möglich machen und die kurze Erklärung im Texte soll ihn über die Bedeutung und die Funktion derselben belehren.

Auf ähnliche Art sollten alle unsere Fische bearbeitet werden.

## 1. Gestalt und Stellung im Systeme.

Der Lachs hat eine gestreckte spindelförmige, von den Seiten etwas zusammengedrückte Gestalt. Der Querschnitt ändert sich während des Jahres, indem

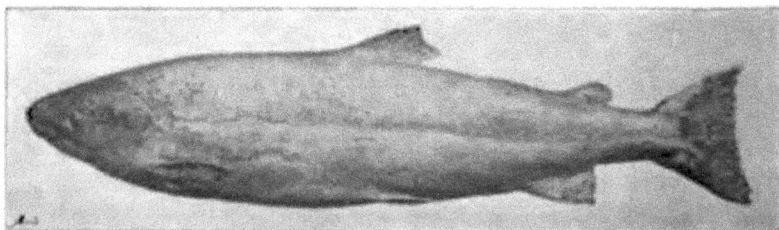

Der Lachs, böhm. losos, lat. Salmo salar L.

der frisch aus dem Meere angelangte einen schön ovalen Querschnitt hat, später wird er immer schmäler und ist endlich nach der Laichzeit stark von den Seiten abgeflacht. Der Kopf hat etwa $\frac{1}{4}$ der Gesammtlänge. Das Verhältniss der Höhe zur Länge ist beim Volllachse wie 1 : 5, beim ausgelaichten fast wie 1 : 7.

Der Lachs gehört zu den Knochenfischen, denn sein Skelet ist gut hart verknöchert und nur wenige Theile bleiben knorpelig. Der Kopf hat zur Grundlage eine knorplige Kapsel, welche von einer Anzahl von Knochen umgeben ist. Die knorplige Kapsel ist bei jedem Knochenfisch im Embryo entwickelt, verschwindet aber später, nur beim Lachs und Hecht bleibt sie grösstentheils erhalten und wächst. Man überzeugt sich davon an einem Querschnitt des Vordertheils des Schädels, wie wir ihn in Fig. I. dargestellt haben, wo die knorplige Kapsel hell gelassen und mit cr bezeichnet ist.

Ausser dem gut verknöcherten Skelet zeigt der Lachs noch die übrigen Kennzeichen der Teleostier, denn er hat freie Kiemen, eine Reihe von flachen Knochen bildet den sogenannten Kiemendeckel-Apparat.

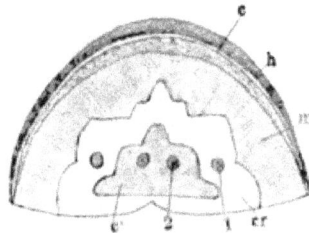

Fig. I. Querschnitt durch den Vordertheil des Lachsschädels hinter der Nasenlöchern.

1. Geruchsnerv. 2. Oberer schiefer Augenmuskel. — c Haut. h Fettlage. m Muskel. cr Knorpelkapsel des Schädels. c' Fettkörper der vorderen Augenmuskelhöhle.

In der inneren Organisation weist er vor dem Herzen den erweiterten Aortenbulbus auf (siehe weiter unten an der Abbildung des Herzens), an dessen Grunde nur zwei Klappen situirt sind, während z. B. der Stöhr, der zu den ganoiden Fischen gerechnet wird, deren 3 hat und weiter nach vorne noch zwei Reihen. Endlich liegt noch ein Kennzeichen der Knochenfische in dem Umstande, dass die Augennerven keinen Austausch der Fasern bilden (kein Chiasma), wie wir es an dem Lachse auch wahrnehmen.

## 2. Das Skelet des Lachses.

Die Knochen am Kopfe gehören theilweise dem Schädel selbst an, theils gehören sie zum Augenring, dem Kiemendeckel-Apparat, sowie zu den Kiefern.

Für unsere Studie hat der in der Mitte des Gaumens liegende unpaare Knochen, das Pflugschaarbein oder Vomer genannt, ganz besonderes Interesse, denn seine Form und Bezahnung ist massgebend für die Bestimmung der Art und das einzige Hilfsmittel namentlich den jungen Lachs von anderen oft sehr ähnlichen Fischen zu unterscheiden.

Bei einem Salmling von 12 cm an Länge hat der Vomer eine Länge von 10 mm, sein vorderer abgerundeter Absatz trägt zwei oder drei gekrümmte spitzige nach hinten umgebogene Zähne. Auf dem breiten langen Theile stehen in der Mitte etwa 17 Zähne in zwei unregelmässigen Reihen. Die Spitzen der Zähnchen sind nach aussen und meist etwas nach vorne gerichtet. (Fig. 3.) Bei einer gleich grossen Forelle stehen vorne vier starke Zähne in einer Querreihe, auf der Leiste nur 13 kräftige nach vorne gekrümmte Zähne. (Fig. 5.)

Der junge Lachs bedarf der Zähne zur Erhaschung seiner Beute, die hauptsächlich aus Insekten-Larven besteht. Ebenso wird der im Meere heranwachsende

Fig. 2. Die Hälfte des Gaumens.
v Pflugscharbein (Vomer). pm Vorder- oder Zwischenkiefer. m Oberkiefer. p Gaumenbein.
In natürl. Grösse.

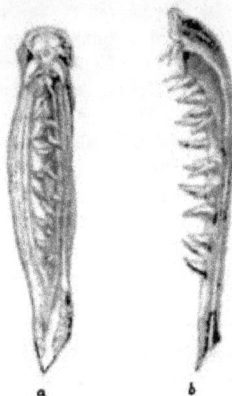

Fig. 3. Vomer eines zwei Jahre alten Lachses.
6mal vergrössert.
a Von unten. b Von der Seite.

Fig. 4. Vorderrand des in Fig 3. abgebildeten Vomer.
Vergrössert 45mal.

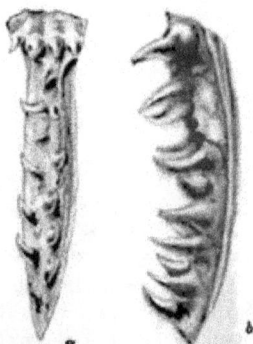

Fig. 5. Vomer der Forelle. 6mal vergrössert.
Zum Vergleich mit dem des Lachses.
a Von unten. b Von der Seite.

Lachs noch die Bezahnung des Vomer behalten, denn die frisch aus dem Meere ankommenden Elbelachse zeigen in der Regel eine aus drei Zähnen bestehende Querreihe und noch einen oder zwei Zähne der ehemaligen zwei Längsreihen. (Fig. 4.)

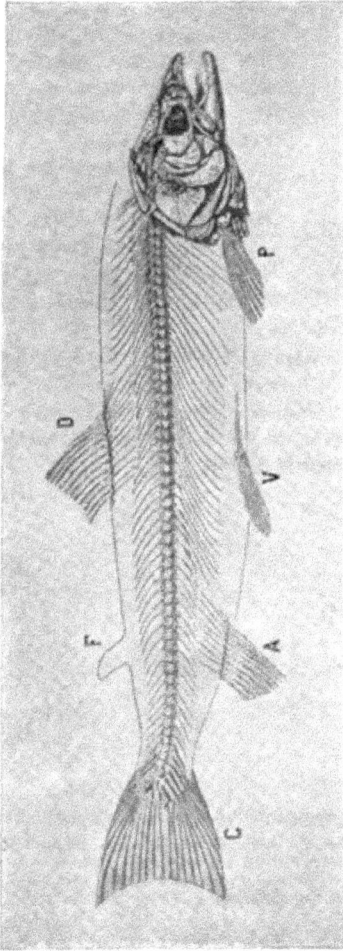

Fig. 7. Skelet des Lachses.

D Rücken-, F Fett-, C Schwanz-, A After-, V Bauch-, P Brust-Flosse.

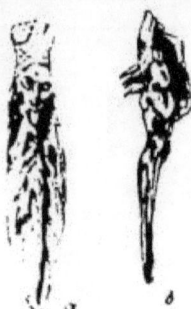

Nach längerem Aufenthalte im Flusswasser, wo bekanntlich die grossen Lachse keine Nahrung zu sich nehmen, fallen ihnen die Zähne der Kiefer und des Vomer nach und nach aus und im Herbste findet man bei den Laichlachsen den Vomer entweder zahnlos oder mit einem ungewöhnlich starken Zahn bewaffnet. Es ist dies Verschwinden der Zähne ein hübsches Beispiel von dem Verkümmern von nicht mehr im Gebrauch stehenden Organen.

Beim Vomer des erwachsenen Lachses bildet die vordere Platte ein Fünfeck, während sie bei der Meerforelle eine dreieckige Form hat.

Fig. 6. Vomer des erwachsenen Elbelachses nach seiner Ankunft aus dem Meere. Natürl. Grösse. *a* Von unten. *b* Von der Seite.

Neben dem Pflugscharbein liegt vorne der Zwischenkiefer (Fig. 2. *pm*), hinter demselben der Oberkiefer (*m*). Zwischen den Kiefern und dem Vomer liegt das Gaumenbein (*p*).

Die Wirbelsäule besteht aus 58 Wirbeln, von denen jeder aus einem Wirbelkörper besteht (Fig. 8. *v*), der vorne und hinten ausgehöhlt ist. Diese Höhlungen (*ch*) sind mit Resten der Rückensaite (Chorda), in der sich die Wirbelkörper gebildet haben, ausgefüllt. Oberhalb des Wirbelkörpers ist der obere Bogen entwickelt (Fig. 8. *n*), der das Rückenmark schützt.

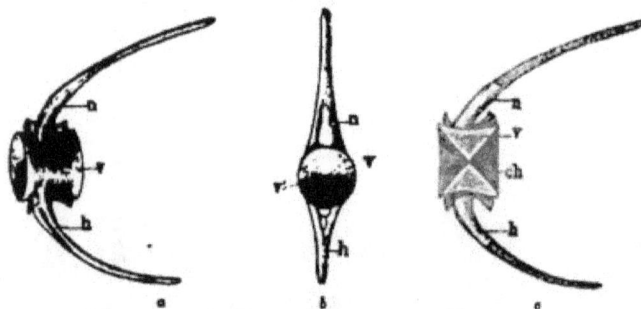

Fig. 8. Schwaszwirbel des Lachses in natürlicher Grösse.

*a* Von der Seite. *b* Von vorne. *c* Aus Längsschnitt. — *n* Oberer Bogen (Neurapophyse), in welchem das Rückenmark gelagert ist. *h* Unterer Bogen (Haemapophysis), durch welchen die Schwanzarterie verläuft. *v* Wirbelkörper, vorne und hinten ausgehöhlt, in der Mitte *v'* durchbohrt. *ch* Chordakegel. Rest der Rückensaite, in der sich die Wirbelkörper gebildet haben.

An den Schwanzwirbeln ist ein unterer Bogen entwickelt, durch welchen die Körperarterie verläuft. Seitlich stützen sich an die Wirbelkörper im Bereiche der Bauchhöhle die Rippen, deren es 34 Paare gibt.

An das Skelet stützen sich die unpaaren Flossen: die Rückenflosse (Fig. 7. *D*) mit 14 Strahlen, dann die Schwanzflosse, die mässig ausgeschnitten ist (*C*) und die Afterflosse (A) mit 9 Strahlen. Ausserdem steht zwischen der Rücken- und Schwanzflosse die sogenannte Fettflosse (F) als Rest des Hautsaumes, welcher im Embryo die Peripherie des Körpers umgibt und in dem sich die unpaaren Flossen entwickeln.

Die paarigen Flossen*) entsprechen den paarigen Extremitäten höherer Wirbelthiere sind aber wegen Anpassung zum Schwimmen sehr verkümmert.

Die Brustflosse (P) stützt sich durch eine Reihe von Knochen, die etwa dem Schultergürtel entsprechen, an den Schädel.

Die Bauchflosse (V) ist an einem sehr verkümmerten Rudiment des Beckens befestigt.**)

### 3. Die Haut, Färbung und die Schuppen des Lachses.

Die Haut des Lachses ist am Kopfe glatt, nur mit spärlichen Poren besetzt, in denen Gefühlspapillen verborgen sind. Am Rumpfe bildet die eigentliche Lederhaut Taschen, in denen die kalkigen Schuppen entstehen und stecken. (Fig. 9., 10.) Die Lederhaut ist aus wagrechten Bindegewebsfasern gebildet, welche von senkrechten Bindegewebslagen durchsetzt werden. Unter derselben liegt dann der Rumpfmuskel. (Fig. 9.) Die Taschen decken den grössten Theil der Schuppe; ein Theil derselben wird von der Oberhaut (Epidermis) gedeckt und nur die Spitze ragt frei hervor und ist der Anwachsstreifen entblösst.

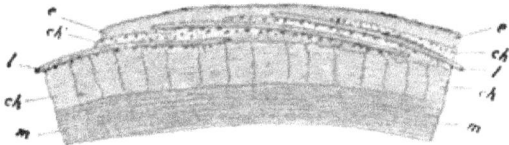

**Fig. 9.** Längsschnitt durch die Haut des Lachses, um die Einlagerung der Schuppen zu versinnlichen.

e Oberhaut (Epidermis). ch Lederhaut (Chorion) mit senkrechten Scheidewänden. l Schuppe. ch' Obere Wand der von der Lederhaut gebildeten Schuppentasche, stark pigmentirt. m Muskellage.

Die Entwickelung der Haut und Oberhaut nimmt zur Zeit der Geschlechtsreife zu und namentlich bei Männchen sieht man im October von der Schuppe nur die äusserste Spitze hervorragen oder nicht einmal diese.

Die Färbung des Lachses zu beschreiben, ist eine sehr schwere Sache, denn er ist in der Jugend anders gefärbt, als im erwachsenen Zustande und in

---

*) Das Nähere über die Flossen der Fische vergleiche Wiedersheim das Gliedmassenskelet Jena 1892, pag. 78.

**) Detaillirte Darstellung über den Knochenbau des Rheinlachses findet sich in dem Prachtwerke Dr. C. Bruch: Vergleichende Osteologie des Rheinlachses Salmo salar, mit besonderer Berücksichtigung der Myologie nebst einleitenden Bemerkungen über die skeletbildenden Gewebe der Wirbelthiere. Gross-Folio. (Bei Friedländer circa 33 M.) Zweite durch eine Nachschrift vermehrte Ausgabe. Mainz. Verlag von Victor von Zabern. 1875.

diesem ändert sich die Farbe jeden Monat vom einfach silberigen Kleide, im März bis zum buntfärbigen Hochzeitskleide im October.

Die Färbung des Lachses wird durch schwarze, gelbe und rothe Pigmentzellen gebildet. Die schwarzen Pigmentzellen sind schön verzweigt (Fig. 10. cp) und bilden da, wo sie gross sind und wo sie sich vereinigen, grössere schwarze Flecke. Während des Aufenthaltes im Süsswasser nimmt das schwarze Pigment zu als Produkt der Zersetzung der Gewebe.

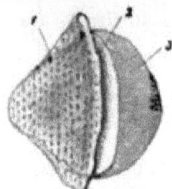

Fig. 10 a. Schuppe des Lachses in der Hauttasche im März.

1. Epidermis, olivengrün mit dunklen Pigmentpunkten. 2. Silberige Streifen. 3. Lazurblauer Saum.

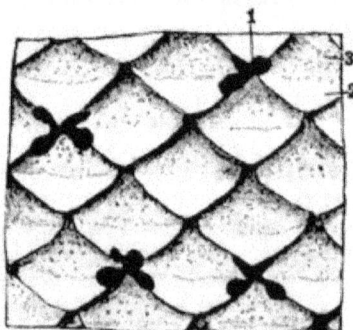

Fig. 10 c. Partie der olivenfärbigen Kopfhaut.

p Schwarze verzweigte Pigmentzellen. ▪ Runde schwarze Pigmentzelle. g Gelbes Pigment. Vergr. 300mal.

Fig. 10 b. Haut des Lachses mit darin steckenden Schuppen Mitte März.

1. Farbenzellen. 2. Freie Spitze der Schuppe. 3. Von Epidermis und Lederhaut gedeckter Theil der Schuppe.

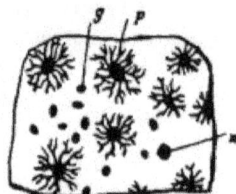

Dort, wo das schwarze Pigment mit gelben Pigmentzellen untermischt ist, entsteht die olivengrüne Farbe, z. B. am Kopfe und den Flossen. (Fig. 10. c.) Olivengrüner selbständiger Farbstoff ist nicht vorhanden.

Das rothe Pigment bildet scharf begrenzte runde oder eckige Flecken, die nur zu gewissen Lebensperioden auftreten, um dann wieder zu verschwinden. — So ist schon der Salmling mit rothen Punkten geziert zu einer Zeit, wo man noch nicht auf sexuelle Schmuckfarbenerscheinung denken kann.

Die rothe Färbung am Kiemendeckel und die rothen Flecken am Körper beim Laichlachse sind wohl als Hochzeitskleid aufzufassen, denn sie schwinden nach der Laichzeit allmählig.

Die intensiv blaue Farbe eines Schuppentheiles im März (Fig. 10. a), sowie der Rosa Anflug der Bauchseiten im Mai, mögen ihren Grund nur in der Brechung des Lichtes haben, ohne dass ihnen ein eigenes Pigment zu Grunde liegen möchte.

Der heranwachsende junge Lachs wird nach Verschwinden des Dottersackes immer dunkler, was durch das Auftreten von schwarzen schön verzweigten Pigmentzellen bewirkt wird.

Bis zur Grösse von 7 cm. ist er am Rücken olivengrünlich mit schwärzlichen Punkten und an den Seiten schimmern die schwärzlichen neun Jugendflecken hindurch. (Fig. 11.)

Erst wenn das Fischchen 12 cm. lang geworden ist, erscheinen die rothen Flecke an und oberhalb der Seitenlinie. Mit zunehmendem Alter wird auch der Bauch immer mehr silberig.

Fig. 11. Junger 5 Monate alter Lachs, olivengrün ohne rothe Punkte. Natürliche Grösse.

Von der Färbung des jungen Lachses von 15 bis 17 cm. Länge, zur Zeit, wo er sich zur Reise nach dem Meere anschickt, gibt das Titelbild eine treue Darstellung und behält er diese Färbung bis zur Länge von 28 cm.

Der Rücken ist gelblichbraun, gegen die Seitenlinie hin blasser. Ausser zahlreichen hanfkorngrossen braunen Punkten zieren den Rücken 7 viereckige dunkelbraune Flecken, wegen welcher er im Böhmerwald auch den Namen Eichel-forelle erhalten hat.

Hinter dem Auge stehen drei pechschwarze runde Flecken in einer Reihe mit der Pupille des Auges, ein wichtiges Kennzeichen für den jungen Lachs, durch welches man ihn von der Forelle unterscheidet. Diese schwarzen Punkte haben zuweilen im Centrum einen zinnoberrothen runden Fleck. In der Umgebung der Seitenlinie stehen unregelmässig gruppirt an 20 unregel-mässige, ungleich grosse rothe Flecken, die von keinem hellen Saume umgeben sind (bei der Forelle sind die Flecken rund und von hellen Saumen umgeben)

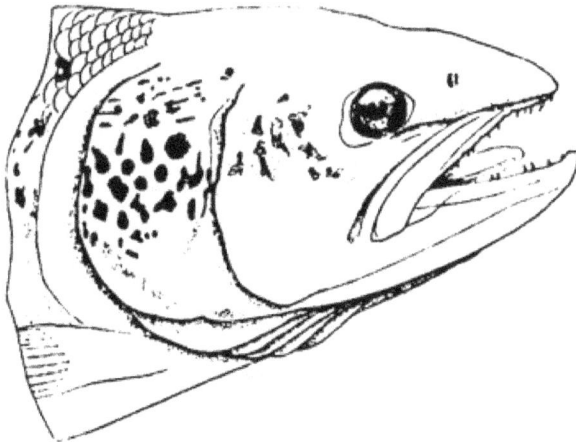

Fig. 12. Kopf eines grossen Lachsweibchens im November.
Am Kiemendeckel ein runder schwarzer, roth eingefasster Fleck, ausserdem viele rothe unregel-mässige Flecken; ebenso an der Wange.

Auf den Körperseiten stehen unter der Haut 9 bläulich schwarze, abgerundete viereckige Flecken, die sogenannten „Jugendflecken", die selbst bei Exemplaren von 28 cm. noch deutlich sind (während sie bei so grossen Forellen längst verschwunden sind). Die Körperseiten sind in der Gegend der Seiten hin gelblich und gehen nach dem Bauche in silbrigweiss über.

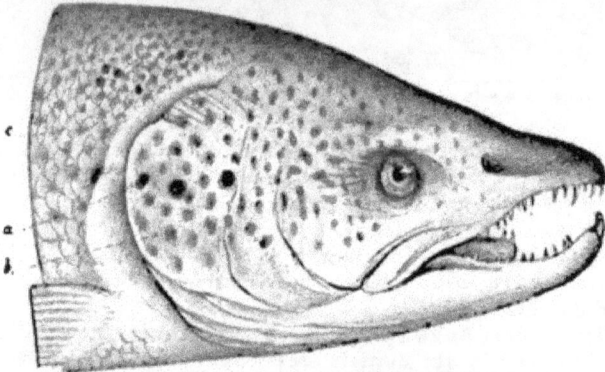

**Fig. 13. Kopf eines kleinen Lachsmännchens im Herbste.**
a Die drei in der Augenlinie stehenden schwarzen Punkte. b Rothe Flecken am Kiemendeckel.
c Rothe Flecken am Körper.

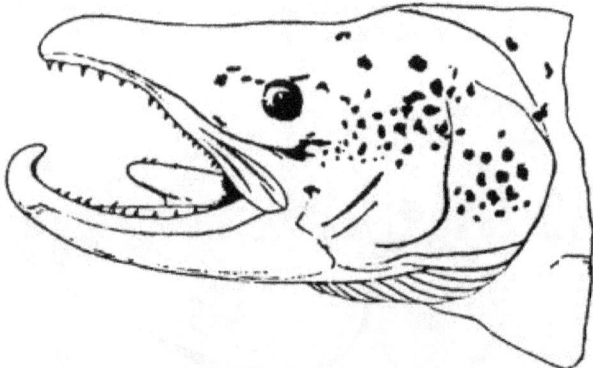

**Fig. 14. Kopf eines grossen Lachsmännchens im Dezember (Hakenlachs).**

Die Flossen sind röthlich mit braunen Strahlen. Die Rückenflosse mit einer Reihe von braunen Flecken parallel zur Basis.

Diese Färbung des Salmlings ändert sich, je nachdem er mehr dem Lichte ausgesetzt ist oder im Dunklen gehalten wird, wo er im ersteren Falle am Rücken mehr olivenbraun wird. Nach dem Tode ändern sich die Farben und noch mehr im Spiritus, wo aber die rothen Flecken lange kenntlich bleiben.

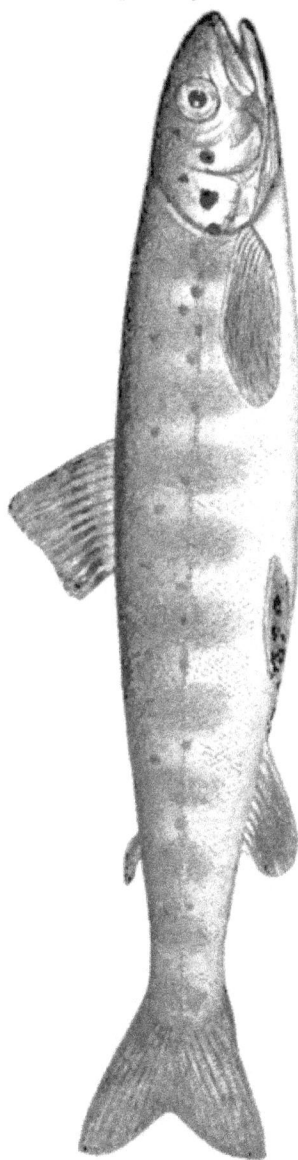

Fig. 15. Junger Lachs, Strwutze.
In natürlicher Grösse. 2½, Jahre alt.

88

Der erwachsene Lachs ist nach seiner Ankunft aus dem Meere im März ganz silbrig und nur die dunklere Färbung der Schuppen lässt den Rücken von dem ganz silberweissen Bauche unterscheiden. Hie und da treten schwarze Pigmentzellen von bedeutender Grösse auf und gruppiren sich zu zwei oder dreien, oder auch zu vieren, wodurch Kreuzflecke gebildet werden. Solcher Flecken zählt man etwa 15 auf jeder Seite, meist nur oberhalb der Seitenlinie. (Fig. 10. *b*.)

Im Mai beginnen die Bauchflanken ins Rosa zu spielen und auf den Kiemendeckeln schimmern unregelmässige röthliche Flecken durch die Haut. Nach und nach wird in den folgenden Monaten der Lachs immer bunter. Im November ist der Silberglanz stark verschwunden, der Rücken ist olivenbraun, schwarzes Pigment ist in der Haut häufig. Der Kiemendeckel ist mit lebhaft rothen Flecken geziert. (Fig. 12., 13.)

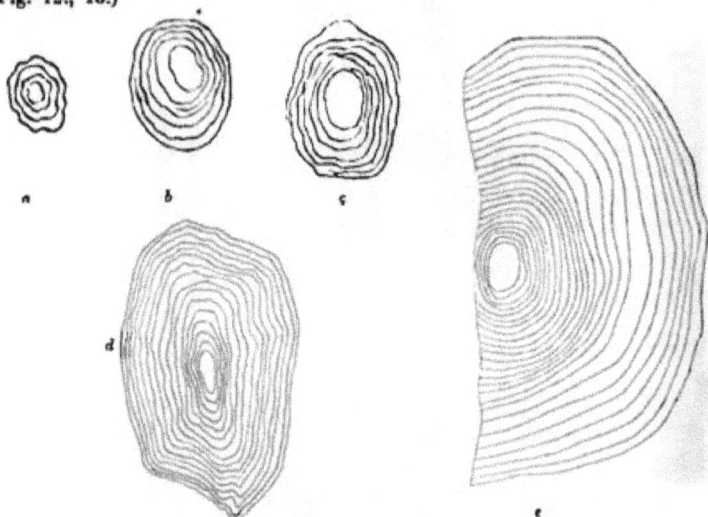

**Fig. 16. Wachsthum der Schuppen.**

*a* Schuppe eines 16 Wochen alten, 34 mm langen Lachses mit 3 Anwachsringen. Vergr. 55mal.
*b* Schuppe eines 20 Wochen alten, 53 mm langen Lachses mit 5 Anwachsringen. Vergr. 55mal.
*c* Schuppe eines 63 mm langen Lachses mit 6 Anwachsringen. Vergr. 55mal. — *d* Schuppe eines 15 cm langen Lachses mit 16 Anwachsringen. Vergr. 45mal. — *e* Schuppe eines 21 cm langen Lachses mit 23 Anwachsringen. Vergr. 45mal.

Die Schuppen sind schon bei jungen Lachsen von 16 Wochen bei einer Länge von 34 mm nachweisbar und haben dann ein Centralschildchen und 4 Anwachsringe. (Fig. 16. *a*.) Bei 53 mm langen Exemplaren sind schon 5 Anwachsringe (*b*) und bei 63 mm langen schon 6 Anwachsringe (*c*). Das mittlere Schildchen ist meist etwas excentrisch gelegen. Normal grosse etwa 2½ Jahr alte Salmlinge zeigten 15, etwas grössere vielleicht 3½ jährige 23 Anwachsringe. (Fig. 18. *d, e*.) Bei den abnorm grossen 28 cm messenden Salmlingen zeigten die Schuppen 50 Anwachsringe.

Bei dem erwachsenen, aus dem Meere angelangten Lachse von 90 cm Länge hat die Rückenschuppe vor der Rückenflosse eine Länge von 9 mm. Ihr hinterer, im Grunde der Tasche steckender breiterer Theil, zeigt verschiedene Einschnitte, von denen Furchen zum Centrum der Schuppe gehen. (Fig. 18.)

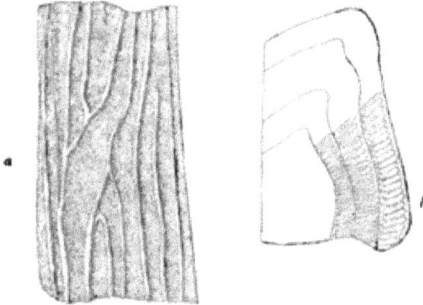

Fig. 17. Fragmente der Schuppen.

a Mit Anwachsfalten. Vergr. 200mal. — b Mit den Guaninkrystallen, welche den silberigen Beleg auf der Unterseite der Schuppe bilden. Vergr. 700mal.

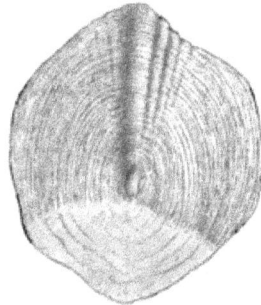

Fig. 18. Körperschuppe unterhalb der Rückenflosse.

Das hintere Drittel mit abgeriebenen Anwachsstreifen. Vergr 6mal.

Die Oberfläche hat feine Anwachsringe, deren man etwa 80 zählen kann· die aber an dem frei zu Tage liegenden Theile der Schuppe fehlen, wohl nur in Folge mechanischer Abreibung (Fig. 18.), da sie bei den Schuppen der Salmlinge regelmässig über die ganze Schuppe verlaufen.

Genaue Verfolgung dieser Zunahme der Anwachsringe der Schuppe mit zunehmendem Alter dürfte einen Anhaltspunkt geben nach der Zahl der Anwachsringe bei grossen Lachsen das Alter zu bestimmen. Bei Salmlingen, von denen ich voraussetzte, dass sie schnell wachsen, fand ich die Anwachsringe weiter von einander entfernt und in geringerer Zahl im Verhältniss zur Gesammtlänge des Körpers.

Die Unterseite der Schuppen ist mit Guaninkrystallen besetzt, welche der Schuppe das silbrige Aussehen geben und je nach der Jahreszeit, wahrscheinlich im Verhältniss zum Ernährungszustande des Lachses mehr oder weniger reichlich entwickelt sind. Der wohlgenährte Lachs im Meere ist ganz silbrig, der ausgehungerte im November schwach silbrig.

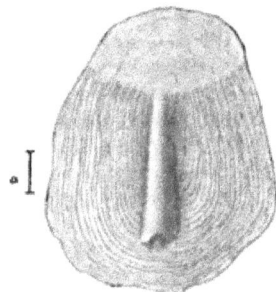

Fig. 19. Schuppe der Seitenlinie.

a Von unten. — b Querschnitt derselben mit dem Nervencanal.

Die 130 Schuppen der Seitenlinie besitzen einen Canal, in welchen von unten und vorne der Nerv hineintritt, um sich zu einem Endkolben zu erweitern. Der Höhe nach zählt man oberhalb der Seitenlinie 24, unterhalb 30 Schuppenreihen.

## 4. Die Muskulatur.

Die Muskulatur des Stammes stimmt bei dem Lachse im Allgemeinen
mit derjenigen der übrigen Knochenfische überein, indem sie durch den grossen Sei-
tenrumpfmuskel (Musculus lateralis) gebildet wird, welcher in eine Rückenpartie
(dorsalis) Fig. 21. b und eine Bauchpartie (ventralis) d e zerfällt, welche je wie der
noch mehrere Lagen „Myomeren" aufweisen. Auf der Aussenfläche zeigt der
Muskel Absätze „Myocommata", welche die ursprüngliche segmentale Anordnung
des ganzen Organismus des Fisches andeuten.

Fig. 20. Muskeln.

A Fettreiche Muskeln im März, schön rosenroth gefärbt. Vergr. 45mal. e Reihen von Fetttropfen
zwischen den Muskelfasern. b Ein grosser Fetttropfen. — B. Dieselben bei 320maliger Vergrösserung. — C Fettleere farblose Muskeln eines ausgelaichten Lachses. Vergr. 335mal.

Uns muss aber die Lachsmuskulatur aus einem anderen Grunde interessiren,
nämlich in Rücksicht auf die wichtige Rolle, welche sie in der Ernährung des
Fisches zur Zeit seines langen Fastens spielt.[*]

Bei dem aus dem Meere kommenden Lachse ist die Muskulatur schön
rosenroth, was von einem eigenen Farbstoffe herrührt, der mit Weingeist extrahirt
werden kann.

Die einzelnen Lagen der Muskeln sind von Fettlagen getrennt (Fig. 21.)
und die Muskulatur selbst ist sehr fettreich. Das Fett ist in Reihen von Tropfen
zwischen den Muskelbündeln angereiht und bildet stellenweise auch grosse Tropfen.
(Fig. 20. A und B.) Während des weiteren Aufenthaltes im Süsswasser und bei con-
sequentem Fasten schwindet allmählig die rothe Farbe und das Fett und der Muskel
des abgelaichten Lachses ist fettleer. (Fig. 20. C.) Auch nimmt der Muskel an
Gewicht ab und die Muskulatur verliert bis zum Dezember 4% an Gewicht. Ausser
Fett verliert der Muskel auch an Eiweissgehalt und alle diese Stoffe werden zu

[*] Ueber die biologischen Verhältnisse des Rheinlachses veröffentlichte Dr. F. Mischer-
Ruesch, Professor der Physiologie in Basel, eine sehr wichtige Arbeit unter dem Titel: *Statistische
und biologische Beiträge zur Kenntnis vom Leben des Rheinlachses im Süsswasser*. Dieselbe erschien
im Jahre 1880 im Cataloge zur Fischereiausstellung zu Berlin. (Leipzig. Druck v. Metzger & Wittig)
Seite 154—238. Leider ist das Buch nicht im Buchhandel und es wäre zu wünschen, dass ein
Auszug in einem zugänglichen Journale zur Veröffentlichung käme.

drei Zwecken verwendet; erstens zum Fristen des Lebens, zweitens zur Ernährung der Extremitäten und Flossenmuskeln und zum Wachsthum des Nasenknorpels beim Männchen und drittens zur Ernährung der Geschlechtsorgane, d. h. zum Bau des Eierstockes und der Hoden.

Nach den wichtigen Untersuchungen des Prof. Mischer-Ruesch am Rheinlachse, ist der Vorgang etwa folgender: **Durch Verminderung der Lebensthätigkeit namentlich im Verdauungstractus und in den Athmungsorganen wird aus den Geweben Eiweiss abgesondert, welches vielleicht in der Leber oder der Milz von den farblosen Blutkörperchen aufgenommen, wieder in das Blut kömmt u. den Geschlechtsdrüsen zu Gute kömmt.**

## Die Muskulatur der Extremitäten.

Die Muskeln, welche die Flossen bewegen, verhalten sich in zweierlei Beziehung anders, als die grossen Rumpfmuskeln. Dieselben haben vorerst immer eine blassere Farbe, auch dann, wenn der Rumpfmuskel schön rosa ist, und werden constant gut genährt, wenn auch der Rumpfmuskel schwindet.

Dies letztere ist von Wichtigkeit, denn wenn auch diejenigen Muskeln erlahmen möchten, von denen die Bewegung der Flossen abhängig ist, würde der Lachs nicht in der Lage sein, die Brutplätze zu erreichen und das Laichgeschäft zu vollziehen.

## B. Das Nervensystem.

Das Nervensystem des Lachses besteht aus dem Gehirn, dem Rückenmark und aus den von beiden entspringenden Nerven.

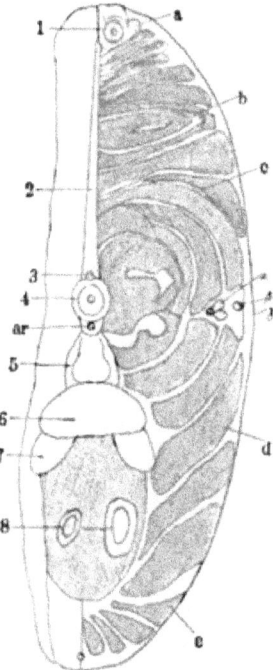

Fig. 21. **Querschnitt des Lachskörpers** unterhalb der Rückenflosse in natürl. Grösse.

1. Querschnitt des Brustflossenstrahles. — 2. Oberer Wirbelbogen. — 3. Rückenmarkscanal. — 4. Wirbelkörper. — ar Körperarterie. — 5. Niere. — 6. Schwimmblase. — 7. Genitalien. — 8. Darmcanal. a Fettpartie. — b-c Muskelkegeln durch Fett getrennt. — α Nerv der Seitenlinie hinter zwei Fettzügen. — β Seitengefäss (Canalis lateralis magnus). — γ Bräunliches Bindegewebe.

Dass Gehirn füllt nicht die ganze Schädelhöhle aus, sondern liegt nur am Grunde derselben und den übrigen Raum füllt eine fett- und lymphartige Flüssigkeit aus. Das Gehirn besteht hier wie bei den Wirbelthieren überhaupt aus fünf Abschnitten. *)

*) Das Detail des Lachsgehirns kann nach dem der Forelle studiert werden, welches in Wiedersheim Grundriss der vergl. Anatomie 3. Aufl. p. 253, Fig. 182 ausgezeichnet dargestellt ist.

1. Das Vorderhirn (Fig. 22. *VH.*) ist paarig und aus seinem vorderen Ende gehen die Riechlappen hervor.

2. Das Zwischenhirn kömmt von aussen nicht zur Anschauung, denn es ist in der Tiefe verborgen. Es bildet die Sechügel (liefert im Embryo die Netzhaut des Auges), nach oben bildet es die Zirbeldrüse *(Gp.)*, unter welcher das verkümmerte Paritalauge liegt. Nach unten bildet es den Trichter und einen Theil des Hirnanhanges (vergleiche Seitenansicht in Fig. 22. *B.*). Diese Theile lassen sich nur an Längsschnitten darlegen.

3. Das Mittelhirn (*MH.*) ist der grösste Abschnitt des Gehirns, der Länge nach durch eine Furche getheilt. Dasselbe bildet an der unteren Fläche zwei Unterlappen, hinter welchen der Hirnanhang und der drüsige Gefässsack liegt.

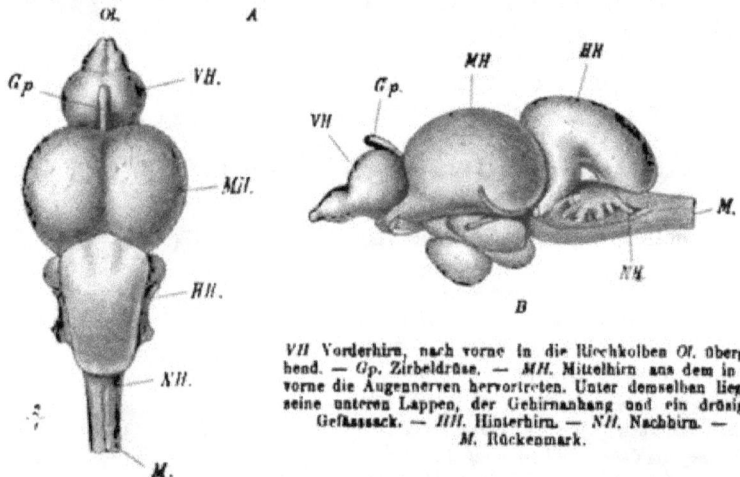

VH Vorderhirn, nach vorne in die Riechkolben *Ol.* übergehend. — *Gp.* Zirbeldrüse. — *MH.* Mittelhirn aus dem in *B,* vorne die Augennerven hervortreten. Unter demselben liegen seine unteren Lappen, der Gehirnanhang und ein drüsiger Gefässsack. — *HH.* Hinterhirn. — *NH.* Nachhirn. — *M.* Rückenmark.

**Fig. 22. Gehirn des Lachses.** Vergrössert 2mal. *A* von Oben. *B* von der linken Seite.

4. Das Hinterhirn (*HH.*) ist ungetheilt und bildet einen länglichen Lappen, aus dem nach unten jederseits der Nerv-Trigeminus entspringt.

5. Das Nachhirn (*NH*) liegt unter dem letzteren, gibt seitlich zahlreichen Nerven Ursprung und geht nach hinten in das Rückenmark (*M*) über, aus dessen unterer Fläche die Spinalnerven entspringen, die zwischen je zwei Wirbeln nach den betreffenden Organen hinziehen.

Die Seitenlinie. Von den Hirnnerven ist für die Fische das 10. Paar N. Vagus von ganz besonderer Bedeutung, denn ein Theil desselben versorgt die für die Geschlechtsfunktion so wichtige Seitenlinie, in deren Schuppen die Nerven in kolbenförmigen Anschwellungen enden. Durch Reiben der Seitenfläche von zwei Fischen werden diese Nervenenden gereizt und als Reflex dieser Reizung ziehen sich die Bauchwände zusammen, infolge dessen die Geschlechtsprodukte Samen (Milch) und Eier nach aussen treten.

Das Geruchsorgan (Fig. 23.) ist paarig, vorne an der Schnauze gelegen. Es ist eine Grube, in welcher die Schleimhaut in rosettenförmig angeordnete Falten gelegt ist und am Grunde der Nasenhöhle sind noch drei wulstige Falten, alles das sind Einrichtungen zur Vergrösserung der Fläche der mit Riechnerven versehenen Schleimhaut. Von Aussen führen zwei ovale, neben einander gelagerte Oeffnungen in die Riechgrube (Fig. 24.). Die vordere, durch die wohl das Wasser einfliesst, ist mit einer dünnen Membranklappe versehen (m), die hintere ist frei geöffnet (n). Die Nervenzellen in der Riechschleimhaut sind lang, mit grossen Kernen versehen und am Ende bewimpert.

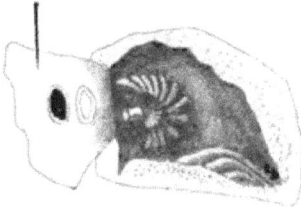

**Fig. 23. Geruchsorgan des Lachses.**
Die Haut mit dem getheilten Nasenloch ist abgehoben, um die rosettenförmig gefaltete Riechschleimhaut zu zeigen.

**Fig. 24. Nasenloch des Lachses** durch eine Leiste getheilt.
m Vordere mit einer Membran gedeckte Hälfte. n Hintere offene Hälfte.

Das Auge des Lachses lässt die charakteristischen Merkmale des Knochenfischauges erkennen. (Fig. 26.) Seine Hornhaut ist sehr flach gewölbt und liegt der Linse fast direkt auf, wodurch das Auge eine fast halbkugelige Gestalt erhält. Die Linse ist kugelig und demnach auf das Sehen von nahen Gegenständen eingerichtet. Ihr Accomodationsvermögen wird von einer eigenthümlichen Vorrichtung unterstützt, nämlich von dem Processus falciformis, der in die Linse eindringt und dort

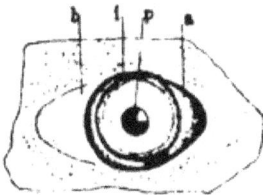

**Fig. 25. Auge des Lachses.**
p Pupille. — i Iris oder Regenbogenhaut gelblich-silbrig, mit mehr oder weniger Pigment. — o Rudimentäre Nickhaut? — b Hautfalte, welche dem Augenlide entsprechen soll.

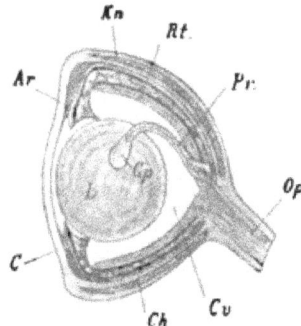

**Fig. 26. Schematischer Durchschnitt durch das Lachsauge. Vergrössert 2mal.**
C Hornhaut. — Ar Die Regenbogenhaut. — Ch Die Gefässhaut. — Rt Die Netzhaut mit der Argentea und dem Pigment. — Cv Glaskörper. — L Linse. — Pr Processus falciformis. — Cp Campanula.

mit einer Auftreibung dem Hallerischen Glöckchen (Campanula Halleri) Fig. 26. *cp* endet. Der Processus falciformis ist eine Duplikatur der Gefässhaut des Auges, welche vom Grunde des Auges, von der Eintrittsstelle des Sehnerven entspringt und sich am Aequator der Linse in dieselbe einsenkt. Dieses Organ besitzt auch glatte Muskelfasern, woraus man schliesst, dass es einen Einfluss auf die Form und die Lage der Linse hat.

Sonst besteht das Auge aus denselben Elementen, wie ein normales Wirbelthierauge und ist nur noch durch eine silbrige Membran, die sogenannte Argentea ausgezeichnet, welche den Metallglanz der Anhäufung von Guaninkrystallen, wie wir sie schon bei den Schuppen (pag. 89.) kennen gelernt haben, verdankt. Die Bewegung des Auges regeln mächtige Muskeln.

Die Erfahrung lehrt, dass der Lachs jede Gefahr merkt, die von oben kömmt, aber das Nahen eines Gegenstandes von der Seite nicht bemerkt. Dies wird, bei dem Schlingenfang im Herbste wahrgenommen, denn dieser ist nur bei flachem Ufer durchführbar, bei steilom Ufer flieht selbst der Laichlachs bei dem Erscheinen eines Menschen.

### 6. Das Gehörorgan.[*)]

Der Lachs besitzt ein gut entwickeltes Gehörorgan, welches in der knorpligen Schädelkapsel eingebettet ist und in Folge dessen hier leicht zugänglich ist wie beim Hechte, während bei allen andern unseren Fischen dieses interessante Gebilde in der festen Knochenmasse des Schädels eingelagert ist und daher nur nach mühsamer Präparation studiert werden kann.

Das Gehörorgan ist paarig und liegt unterhalb des Gehirns zur Seite des Mittelhirns und hat keine Öffnung nach Aussen. Die ursprüngliche Verbindung nach aussen ist verkümmert. Nach Entfernung des Gehirns findet man an der Basis der Schädelhöhle jederseits einen Gehörsack (Fig. 27.), in welchem der grosse Gehörstein (Otolith) Sagitta (Fig. 28. *B)* gelegen ist. Die halbkreisförmigen Canäle sind im durchsichtigen Knorpel der Schädelkapsel eingelagert und schimmern durch und können bei vorsichtiger langsamer Abpräparirung mittelst eines scharfen mit fester Hand geführten Messers im Zusammenhang herauspräparirt werden.

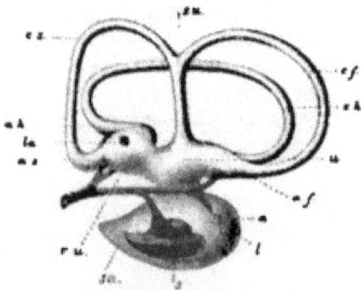

Fig. 27. Gehörorgan des Lachses mit den drei halbkreisförmigen Canälen und Gehörsack. Vergr. 2mal von Innen gesehen. Von einem 3 Kilo schweren Lachse.

*u* Utriculus, der Centralabschnitt des Gehörorgans mit dem Gehörsteinchen lapillus *la*. — *sa* Sacculus mit dem Pfeilstein Sagitta *s*. — *l* Lagena mit dem Sternsteinchen Asteriscus *a*. *as ah af* Die Ampullen. — *es* Der vordere, *eh* der wagrechte und *cf* der hintere Bogengang. — *su* Verbindungscanal (Sinus utriculi superior).

*) Für die Zeichnung dieser Organe und die Vorarbeiten zu diesem Abschnitt bin ich meinem Schüler Herrn Prof. Wandas zu Dank verpflichtet.

An dem isolirten Gehörorgan ist vorerst der aus dem Gehirn zutretende Nerv zu betrachten, welcher sich in 6 Zweige theilt und auf Fig. 27. dunkel dargestellt ist. Wo der Nerv zum Gehörorgane tritt, findet sich ein gelber Fleck oder eine Schwiele, welche aus drei Lagen von Zellen zusammengesetzt ist, einer unteren Lage runder Zellen, einer mittleren Lage von fascrigen Zellen und einer oberen Lage cylindrischer Zellen mit grossen Kernen und in feine Fäden auslaufend. Auf der gelben Stelle im Utriculus liegt das Gehörsteinchen und auch die übrigen zwei Gehörsteine liegen auf diesen gelben Nervenflecken.

Das Centrum dieses Organes bildet ein länglicher 1 cm langer Schlauch (Utriculus) *u*, in welchem auf einem gelben Flecke das Gehörsteinchen (lapillus) *la* liegt. Von hier aus entspringen mit erweiterten Ampullen (*as*, *ah*, *af*) die halbkreisförmigen Canäle, ein vorderer *cs*, ein wagrechter *ch* und ein hinterer *cf*. Der vordere und hintere stehen mittelst eines Verbindungscanals (Sinus ventriculi superior) mit dem utriculus in Verbindung. Unterhalb des Utriculus liegt der Gehörsack von quer eiförmiger, nach vorne zugespitzter Form. Sein vorderer Theil *sa* ist der Sacculus und enthält den grossen Pfeilstein *s*. Sein hinterer oberer Lappen entspricht der sog. Lagena (der Schnecke bei höheren Wirbelthieren entsprechend) mit dem Sternsteinchen *a*.

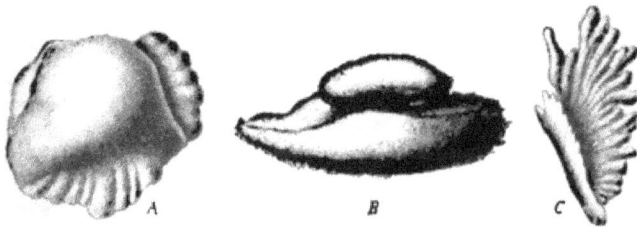

Fig. 28. Gehörsteine des Lachses.
*A* Lapillus 40mal vergr. *B* Sagitta 6mal vergr. *C* Asteriscus 20mal vergr.

Die Gehörsteine beginnen sich schon im Embryo heranzubilden und noch vor dem Ausschlüpfen gewahrt man bei 1000facher Vergrösserung, dass sich dieselben aus kleinen, ovalen, geschichteten Concretionen bilden, welche als Sekrete der Nervenzellen aufgefasst werden. Bei zehn Tage alten Fischen kann man schon die Bildung aller drei Paare wahrnehmen.

Am erwachsenen Lachse ist mit blossem Auge nur der Pfeilstein Sagitta (Fig. 28. *B*) wahrzunehmen. Derselbe ist 7½ mm lang, besteht aus einem längeren unteren Theile und einem kleineren darüber gelagerten querovalen Theile.

Das im Utriculus gelegene Gehörsteinchen (Lapillus) Fig. 28. *A* ist mit der Luppe wahrnehmbar, es ist 1 mm lang, viereckig und besitzt zwei gekerbte Ränder.

Das Sternsteinchen Asterius (Fig 28. *C*), ist auch sehr klein, 2 mm lang.

## 7. Die Organe der Ernährung.

Der Ernährung dient das Darmrohr, an welches sich mehrere Drüsen anschliessen und das wir in den Vorder-, Mittel- und Hinterdarm eintheilen.

Der Vorderdarm beginnt mit der Mundhöhle, welche bei dem Lachse am vorderen Gaumen eine Schleimhautduplicatur besitzt, die durch ein Septum getheilt, zwei etwa 1 cm tiefe Taschen bildet. Der Zweck dieser Vorrichtung könnte sein, bei verlangsamtem Athmen die Mundhöhle vorne zu verschliessen.

Ueber die Zähne, welche die Kiefern und der Gaumen trägt, wurde schon auf Seite 80 gehandelt. Im Schlunde finden wir eine Ausbuchtung, welche die Schwimmblase vorstellt. Fig. 31. zeigt Längsfalten im oberen Theile. Dieselbe ist hier einfach, besteht aus zwei Membranen, einer äusseren gefässreichen und einer inneren glatten mit silberigen Guaninkrystallen.

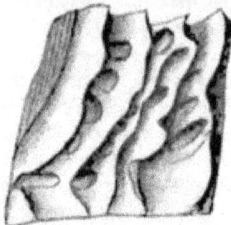

Fig. 29. Schleimhautfalten auf der inneren Fläche der Pylorus-Anhänge. Vergr. 45mal.

Der Schlund (oe) zeigt Längsfalten und geht allmählig in den nach oben umgebogenen Magen (v) über. Der Magen ist bei unseren hungernden Exemplaren immer sehr geschrumpft und weist Längsfalten auf. An dem Uebergang des Magens in den Dünndarm, am sogenannten Pylorus beginnt der Mitteldarm. — Der Anfang desselben wird mit dem Namen Zwölffingerdarm (Duodenum) bezeichnet, welcher Ausdruck aus der menschlichen Anatomie entlehnt ist und dort die 12 Zoll messende Partie des Dünndarms darstellt, in welche die Gallengänge und der Ausführungsgang der Bauchspeicheldrüse münden. Dieser Darmabschnitt ist beim Lachse von ganz besonderem Interesse, denn er trägt eine grosse Anzahl von blinden Anhängen (Appendices pyloricae, Fig. 30. ap), welche wahrscheinlich eine grosse Bedeutung für die Erklärung der langen Fastzeit haben. Diese Anhänge finden wir bei dem frisch aus dem Meere gekommenen Lachse ganz von Fett umhüllt und im inneren mit einer gelblichweissen, dick

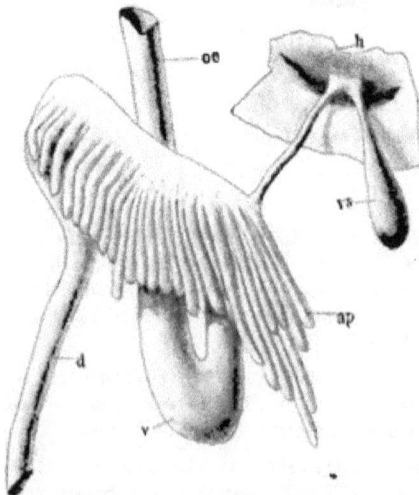

Fig. 30. Speiseröhre und ihre Verbindung mit der Leber. oe Speiseröhre. — v Magen. — ap Pylorische Anhänge und der Gallengang. — d Dünndarm. — h Leber. — vs Gallenblase.

rahmartigen Substanz gefüllt. Diese Substanz besteht aus verschieden grossen blassen, mit grossen Kernen versehenen Zellen und aus Fett-Tropfen.

Die Innenwand trägt zahlreiche Längsfalten, deren Wände grosse Öffnungen haben (Fig. 29.) und an mikroscopischen Präparaten sind diese Schleimhautfalten mit einer mächtigen Lage von Epithelzellen umgoben, die sich auch abgestossen in den Zwischenräumen der Zellen in Menge vorfinden. Die Submucosa zeigt sich an gefärbten Schnitten als eine mächtige, kräusig gefaltete Lage. Sowohl das umgebende Fett als auch der rahmartige Inhalt schwinden allmählig während des Aufenthaltes im Süsswasser und nach der Laichzeit sind die Pylorusanhänge von aussen ganz vom Fette frei, im Inneren leer, zuweilen fast trocken.

Die Untersuchung des Inhaltes der Anhänge ist deshalb so schwierig, weil man den Lachs in der Regel erst nach mehreren Stunden oder Tagen nach seinem Tode zur Untersuchung bekommt, wenn in der Substanz schon grosse Veränderungen vor sich gegangen sind. Wir konnten nur schwach saure Reaction constatieren. (Es gelang mir nicht trotz wiederholten Versuchen einen Chemiker für diese Frage zu interessiren.)

Dass diese Pylorus-Anhänge in einem Verhältniss zur Dauer des Laichzeitfastens bei den Fischen überhaupt stehen, dürfte aus der Erwägung folgender Thatsachen sich ergeben. Fische, bei welchen wie z. B. beim Karpfen die Laichzeit kurz dauert, haben keine Pylorus-Anhänge, bei Barschen, wo sie etwas länger dauert, sind drei — bei Forellen, Maraenen und beim Lachse, wo die Fastzeit am längsten dauert, sind deren viele.

Die Pylorus-Anhänge sind regelmässig, der Sitz von einem oder mehreren Bandwürmern der Gattung Bothriocephalus, über welche weiter unten gehandelt werden wird.

Der Mitteldarm, der auf den Zwölffingerdarm folgt, hat auf die Länge von 15 cm die normale Form und zeigt die Schleimhaut in krausigen Längsfalten entwickelt. Dann erweitert sich der Darm zum Hinterdarm und zeigt bis zu seinem Ende Querfalten, die nach hinten immer dichter werden. Die Schleimhaut zeigt mit der Lupe betrachtet, wellig gerandete Längs- u. Querfältchen von sehr zierlicher Form. Der Hinterdarm mündet mit einem selbständigen After vor der Urogenitalpapille nach aussen.

Fig. 31. Verbindung der Schwimmblase mit der Speiseröhre.

s Schwimmblase. — os Der Oesophagus. t Eine Capsel mit der Bandwurmlarve der Gattung Tetrarhynchus. ⅔ natürl. Grösse.

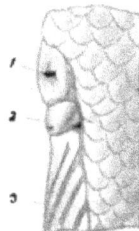

Fig. 32. Aftergegend des erwachsenen Lachses.

1. After. — 2. Urogenitalpapille, durch welche der Harn- u. die Geschlechtsprodukte austreten. — 3. Die Afterflosse.

7

Die Schwimmblase ist beim Lachse einfach, hat eine walzenförmige nach hinten allmählig zugespitzte Gestalt und liegt der ganzen Bauchhöhle entlang unter den Nieren. Sie entstand durch Ausstülpung der hinteren (oberen) Wand der Speiseröhre und ist mit derselben durch einen Gang in Verbindung. (Fig. 31.)

Ihre Capacität beträgt bei einem Lachse von mittlerer Grösse (90 cm) 400 cm³. Die Länge 40 cm, die Breite in der Mitte 4 cm. Ihre innere Fläche ist von einer glatten weisslichen Haut gebildet, in der man bei starker Vergrösserung sehr spitze Krystalle von Gouanin wahrnimmt. Nach aussen folgt dann eine sehr gefässreiche Haut, welcher arterielles Blut zugeführt wird, woraus hervorgeht, dass dieses Organ nicht zur Athmung verwendet wird.

Die Schwimmblase füllt sich mit Gasen, die nach Bjeletzki bei Knochenfischen aus Stickstoff und Sauerstoff bestehen und der dem Wasser entnommenen Luft entsprechen, welche in den Mund geführt, zur Oxydation des Blutes in den Kiemen verwendet wird.

## 8. Milz und Leber.

Die Leber ist eine mächtige Drüse von gelblich brauner Farbe und liegt mit ihrem grössten Theile in der rechten Bauchhöhle. Die verschieden gestalteten Lappen des Hinterrandes reichen bis etwa in die Hälfte der Bauchhöhle. Sie empfängt das Blut aus dem Darmtractus und nachdem dasselbe das Capillarnetz der Leber durchlaufen hat, geht es erst zum Herzen. Das Secret der Leber ist die Galle, die theils direkt in den Darm fliesst oder sich in der Gallenblase (Fig. 30. *cs*) ansammelt, was besonders bei den abgelaichten Lachsen in grösserem Masse geschieht.

Das Pancreas oder die Bauchspeicheldrüse ist nicht als ein auffallendes, deutlich wahrnehmbares Organ entwickelt, sondern ihre Elemente sollen in den Fettlagen, welche die Eingeweide umgeben, zerstreut sein. Ihre geringe Ausbildung wurde in Zusammenhang mit den stark entwickelten Pylorusanhängen gebracht und denselben die Absonderung von pancreatischen Säften zugemuthet, was aber von anderer Seite wieder bezweifelt wird.

Die Milz. Diese nur einfach vorhandene, zu den Lymphdrüsen gehörige Drüse, liegt in der linken Bauchhöhle, etwa gegenüber der hinteren Leberspitze. Sie ist etwa 6mal so lang als breit, unten flach, oben etwas gewölbt, an beiden Enden zugespitzt. (Fig. 33.) Zuweilen ist sie in Lappen ausgezogen, oder wie es einmal vorkam, stehen zwei kleinere hintereinander. In der Regel ist die Milz dunkel kirschroth, doch soll

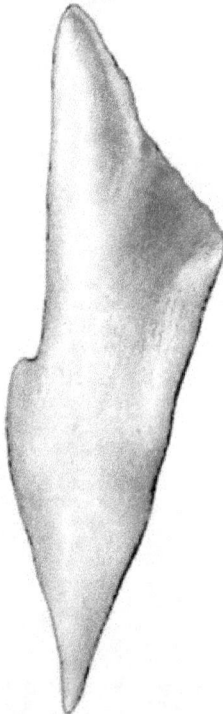

Fig. 33. Milz des Lachses.
Von oben in natürl. Grösse.

ihre Farbe je nach der Jahreszeit variiren, was nur derjenige beobachten kann, der Gelegenheit hat viele ganz frische Milzen zu beobachten. Oefters gewahrten wir an der Milz ein oder mehrere kleine Läppchen, welche ganz selbständig ausgebildet nur durch die Blutgefässe, die in Anordnung diejenige der grossen Milz wiederholten, in Zusammenhang waren. Einmal zählten wir sogar an 10 solcher fettreichen Läppchen. Das Gewicht der Milz beträgt bei einem Lachse mittlerer Grösse im Mai 12 gr.

Die brüchige Masse der Milz ist reich an Blut, das nicht gerinnt und in dem auf 100 färbige Blutkörperchen 7·65 weisse, sogenannte Leucocyten kommen (während M. Ruisch im Herzblut nur 1·79 Leucocyten nachwies). — Namentlich sind viele kleine junge Leucocyten vorhanden, was darauf hinweist, dass sie in diesem Organe entstehen. Dieser Ueberschuss an Leucocyten soll zum Aufbau der Geschlechtsdrüsen verwendet werden.

Prof. Mischer Ruisch*) beobachtete am Rheinlachse auffallende Veränderungen in der Farbe und in der oberflächlichen Beschaffenheit der Milz. Im März erscheinen Erhabenheiten verschiedener Grösse und das Gewicht beträgt 0·077%₀ des Körpergewichtes, im Juli 0·211% des Körpergewichtes, dann sinkt das Gewicht bis zum November auf bloss 0·056. Diese Erscheinung ist im Zusammenhange mit dem Blutreichthum des ganzen Thieres und kömmt bei beiden Geschlechtern vor.

Wir haben auf ähnliche Veränderungen der Milz beim Elbelachse gefahndet, aber nichts dergleichen so auffallend wahrnehmbares, wie es beim Rheinlachse vorkömmt, beobachten können. Dies mag mit den verschiedenen Lebensverhältnissen, die der Lachs im Rhein und der Elbe findet, zusammenhängen.

Nach M. Ruisch spielt die Milz eine wichtige Rolle in der Uebertragung der Nährstoffe aus dem Rumpfmuskel in die Genitalien. Der Vorgang wäre etwa folgender: Die Anhäufung von Blut in der Milz hat eine Blutarmut in dem Rumpfmuskel und im Darmcanale zur Folge, dadurch sind die genannten Organe gezwungen, Eiweiss abzugeben, das durch das Blut wahrscheinlich unter Mitwirkung der Milz nach den Geschlechtsorganen geleitet wird und deren starkes Wachsthum ermöglicht.

### 9. Organe des Kreislaufes und der Athmung.

Das Herz des Lachses ist vorne unter den ersten Wirbeln in einem häutigen Sacke, dem Herzbeutel gelagert und besteht aus einer dünnwandigen Vorkammer (Fig. 34. *a*) und einer aus starken Muskelwänden bestehenden Kammer (*k*), welche eine dreieckige Form hat. (Während des Fastens soll die Muskulatur der Herzkammer schwächer werden.) Zwischen der Vorkammer und der eigentlichen Herzkammer sind zwei häutige Klappen gelagert, welche den Rücktritt des Blutes in die Vorkammer hindern.

Am Uebergang der Herzkammer in den erweiterten Aortenstiel (Bulbus arteriosus] (*b*) sind auch zwei häutige Klappen, welche den Rücktritt des Blutes

*) Ueber das Leben des Rheinlachses im Süsswasser. I. Die Milz des Rheinlachses und ihre Veränderungen. Archiv für Anatomie und Physiologie 1881, pag. 193. Taf. VIII. u. IX.

7*

aus dem Aortenstiel in die Herzkammer verhindern. Der Aortenstiel selbst ist auf der Innenfläche stark muskulös und mit Grübchen und Furchen versehen. (Fig. 35.)

Der Aortenstiel führt in 4 Paar Kiemenarterien, welche das venöse Blut nach der Aussenfläche der Kiemenblätter führen (Fig. 36. a), wo das Blut den Sauerstoff aus dem Wasser aufnimmt und sich dann in der Kiemenvene (a') sammelt.

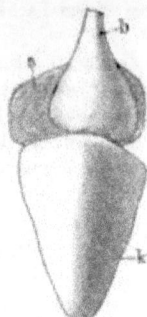

**Fig. 34. Herz des Lachses** von unten gesehen. Natürliche Grösse.

k Kammer. — s Vorkammer. — b Bulbus arteriosus. Erweiterte Kiemenarterie, die das venöse Blut in die Kiemen führt.

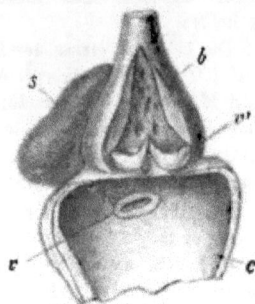

**Fig. 35. Herz des Lachses.** Innenansicht. Etwas vergrössert.

s Vorhof. — c Herzkammer. — b Aortenbulbus. — c Klappe zwischen Vorhof und Herzkammer. — o' Klappen zwischen der Herzkammer und dem Bulbus.

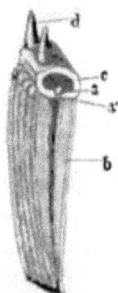

**Fig. 36. Querschnitt durch ein Kiemenblatt des Lachses** in natürlicher Grösse.

a Kiemenarterie. — a' Kiemenvene. — b Inneres Kiemenblatt. — c Kiemenbogen. d Rechenzähne.

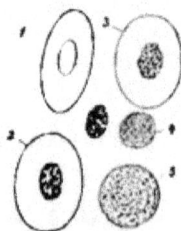

**Fig. 37. Blut des Lachses** 1000mal vergr.

1 Rothes Blutkörperchen mit hellem Centrum. 2. und 3. Rothe Blutkörperchen mit punktirtem Kern. — 4. Junge farblose Blutkörperchen (Leucocyten). — 5. Ein grösserer Leucocyt.

Die Kiemenblätter sind an dem knorpligen Kiemenbogen (c) befestigt, welcher am vorderen der Mundhöhle zugekehrten Rande eine Reihe kräftiger Rechenzähne (d) trägt, welche vor dem Eindringen fremder Körper zwischen die Kiemenblätter schützt. Aus den Kiemenblättern kehrt das Blut nicht wieder zum Herzen zurück, sondern die Kiemenvenen vereinigen sich zur Aorta, welche unterhalb der Wirbelsäule sich hinzieht und Zweige zu den verschiedenen Organen abgibt.

Der Kreislauf des Blutes findet demnach folgendermassen statt: Das sauerstoffleere sogenannte venöse Blut sammelt sich in der Vorkammer, geht von da in die Herzkammer und durch den Aortenstiel in die Kiemenblätter, nimmt daselbst Sauerstoff auf und geht als arterielles sauerstofffrisches Blut durch die Aorta direkt in den Körper.

Das Blut des Lachses enthält zweierlei Blutkörperchen, die rothen und die farblosen, zwischen welchen dann noch Lymphkörperchen zu sehen sind. Die rothen Blutkörperchen haben einen ovalen kernigen Kern, selten einen hellen, die blassen einen runden grossen Kern.

## 10. Harn- und Geschlechtsorgane (Urogenital-System.)

Die Niere des Lachses (Fig. 38.) ist ein Organ, das vom Laien am wenigsten bemerkt und in der Regel nur als geronnenes Blut angesehen wird.

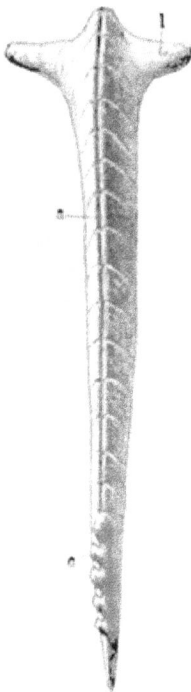

Fig. 38. Niere des Lachses von der Rückenfläche aus gesehen.
l Seitenlappen. — a Segmentale Lappen. c Vorspringende Lappen, die in die Räume zwischen je 2 Haemapophysen hineinragen. In ½ natürl. Grösse.

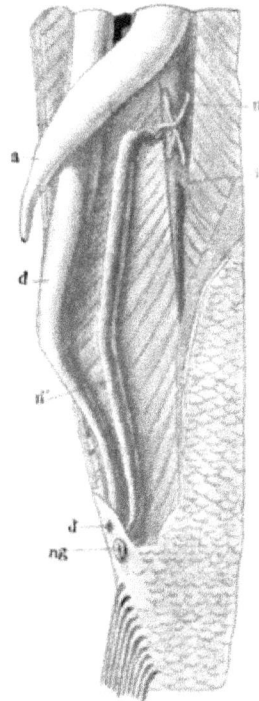

Fig 39. Hintere Partie des Bauches nach Entfernung der linken Bauchwand. Gezeichnet nach einem am 25. April gefangenen ausgelaichten Weibchen (Nro. 217 d. Prot.) — a Schwimmblase, hinteres Ende. d Darm — n Niere. — n' Harnleiter. — n'' Harnleiter Erweiterung. — d' After. — ng Oeffnung der Harnleiter u. der Genitalien (Urogenitalpapille).

Sie liegt paarig unter der Wirbelsäule, hat vorne jederseits einen seitlichen Lappen und verschmälert sich dann allmählig, bis sie im hinteren Theile der Bauchhöhle in eine Spitze ausläuft. (Fig. 38.) Man bemerkt auf der Rückenseite eine Längsfurche der Mitte entlang, in welche die Körperarterie eingelagert ist.

Ausserdem sieht man Andeutungen der metameralen Abschnitte, die der Zahl nach den Wirbeln entsprechen, denen das Organ angelagert ist. Die letzten 5 Abschnitte ragen in die Räume zwischen je zwei Haemapophysen hinein.

Die nach der Bauchhöhle gewendete Fläche ist flach, in der Mitte verlaufen die Venen. Am hinteren Drittel entspringen die Harnleiter jederseits mit zwei Aesten, die sich vereinigen und mittelst eines vereinigten Harnleiters in einen erweiterten Theil desselben, eine Art Harnblase, übergehen, die aber nicht der Harnblase der höheren Wirbelthiere entspricht. Bei einem ausgelaichten Lachse war dieser Theil 14 cm lang und 2 cm breit. Dieselbe ist besonders im Herbste sehr gross und enthält viel Harn, der dem mit der Befruchtung der Eier sich befassenden Fischzüchter sehr hinderlich ist und sorgfältig beseitigt werden sollte, damit er mit den Eiern nicht in Contact kömmt.

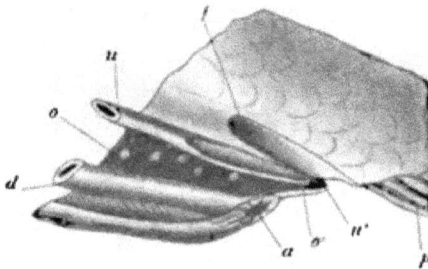

**Fig. 40. Aftergegend des Lachsweibchens.**

d Darm. — a After. — o Leibeshöhle, aus der die Eier bei o' in die Urogenitalpapille eintreten u Harnleiter. — u' Oeffnung der Urogenitalpapille, aus welcher sowohl der Harn als auch die Eier austreten. — t, Blinde Tasche. — p Afterflosse.

Die Niere empfängt das Blut aus der Caudalvene und nachdem dasselbe die Capillaren der Niere durchlaufen hat, sammelt sich dasselbe in zwei grösseren quer sich vereinigenden Gefässen dem sogenannten Ductus Cuvieri, um dann von hier in den Vorhof des Herzens zu fliessen. Die Niere hat die Function, die mit Harnbestandtheilen geschwängerten Flüssigkeiten aus dem Körper zu entfernen.

## Genitalien.

Die männlichen Geschlechtsorgane (Hoden, Milch) sind zur Zeit der Reife paarig, unter der Niere der ganze Bauchhöhle entlang gelegen, im Durchschnitt verkehrt birnförmig, so dass der schmälere spitze Theil nach oben, der breitere abgerundete nach unten in die Bauchhöhle gerichtet ist.

Die Hoden haben selbständige Samenleiter, welche als Fortsetzung der Drüse selbst aufzufassen sind und nicht als selbständiges Organ, wie dies bei den höheren Wirbelthieren der Fall ist.

Dieses Organ entwickelt sich viel zeitlicher als die weiblichen Geschlechtstheile, und zwar noch v o r d e r R e i s e n a c h d e m M e e r e, weil diesen jungen Männchen schon zu dieser Zeit die Aufgabe zufällt, bei der Befruchtung der vom alten Weibchen gelegten Eier behilflich zu sein. Dies ist um so wichtiger, als es vielfach vorkömmt, dass zwar alte Weibchen, aber keine Männchen bis zu den Laichplätzen in unseren Gebirgen gelangen.

Die auf Fig. 41. gegebene Zeichnung gibt von dem Grad der Entwickelung der Hoden im October eine gute Darstellung. Die Produktion des Samens ist eine so ergiebige, dass nach Aussage der Fischer ein Salmling mehr Milch gibt, als d r e i gleich grosse Forellen.

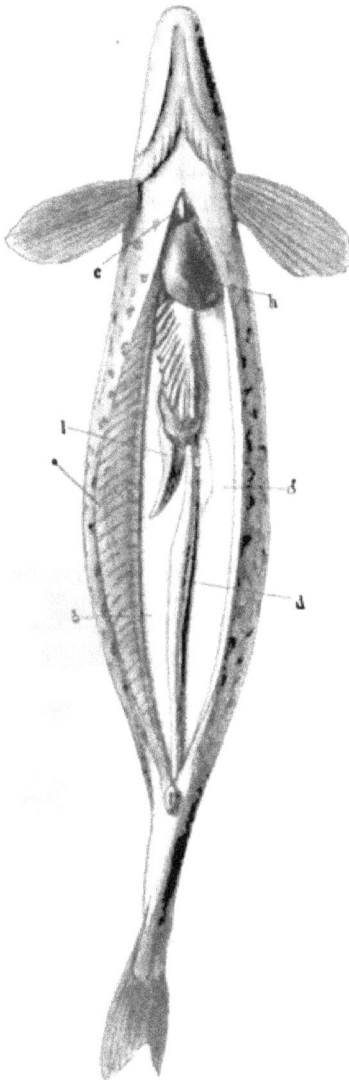

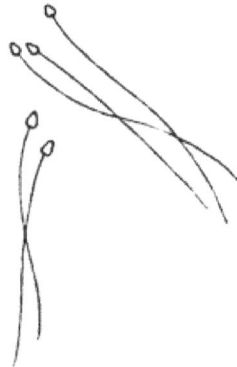

Fig. 41. Anatomie eines etwa 2½ jährigen männlichen Salmlings im October. In natürl. Grösse.
e Herz. — h Leber. — l Milz. — d Darmcanal oben mit Anhängen des Pylorus. — ♂ ♂ Rechter und linker Hoden (Milch).

Fig. 42. Samenzellen (Spermatozoen) eines etwa 2½ jährigen Salmlings.

Gezeichnet am 4. September 1881.
Zeiss. Obj. F. Oc. 8.

Dass diese Samenflüssigkeit auch wirklich reif und zur Befruchtung tauglich ist, überzeugten wir uns in Schüttenhofen, wo wir schon am 4. September mit Zeiss Object F. Oc. 3. die lebenden Samenthierchen (Spermatozoen) des Salmlings zeichnen konnten. (Fig. 42.) Uebrigens wird die künstliche Befruchtung der Lachsoier mit der Milch der Salmlinge (Struwitzen) jetzt seit mehreren Jahren mit gutem Erfolge geübt.

Die starke Entwickelung der Hoden bei dem Salmling geht aus nachstehender Uebersicht der an Exemplaren von 12 bis 20 cm Länge gemachten Beobachtungen hervor.

| | | | |
|---|---|---|---|
| März | 0·13 gr. | Juli | 0·95 gr. |
| April | 0·44—0·73 gr. | August | 1·29 , |
| Mai | 0·25—0·93 , | September | 2·7—11·70 gr. |
| Juni | 0·27—1·00 , | October | 3·10—10·30 , |

Im November, Dezember und Jänner sind Salm'inge im Flusse nicht zu beobachten und konnten nicht untersucht werden. Im Feber fand ich die Milch noch 1·3—1·9 gr. schwer.

Bei dem erwachsenen, aus dem Meere angelangten Lachse, fand ich die Milch im März bei einem mittelgrossen Fisch bloss 7 gr. schwer, bei einem grösseren 16·6 gr., im Juli wiegt die Milch schon 34—125 gr., im August 60—154 gr. und im October 180—245 gr.

Die Milch der kleinen Bartholomäus-Lachse wog am 1. September 40 gr.

Die Produktion der Samenflüssigkeit ist auch hier eine sehr ausgiebige, denn die Capacität eines Samenleiters stellten wir auf 40 cm³ fest. Bei abgelaichten Lachson in den ersten Monaten des nächsten Jahres nimmt das Gewicht der Milch wieder ab:

| | | | |
|---|---|---|---|
| Jänner | 156 gr. | März | 12 gr. |
| Feber | 70 , | April | 5 , |

Die weiblichen Geschlechtsorgane. Die Eierstöcke sind auch paarige Organe, welche sich in einer Falte ganz hoch in der Bauchhöhle gleich hinter dem Herzen zu entwickeln beginnen.

Vor der Reise des Salmlings nach dem Meere erreichen schon die Eierstöcke eine Länge von etwa 3 cm und durch genaue Zählung wies ich nach, dass hier schon etwa ebensoviel Eierzellen vorhanden sind, als es bei dem erwachsenem Weibchen Eier gibt. (Fig. 43. a, b, c.)

Unter 100 gefangenen Salmlingen sind nur etwa 5% Weibchen, was darauf hindeutet, dass die Weibchen viel früher nach dem Meere ziehen als die Männchen. (Vergl. Seite 12.)

Der Eierstock zählt jederseits 30 bis 40 Blätter und die Zahl der Eier beträgt 13 bis 15 Tausend.

Auf der nach oben gekehrten Fläche des Eierstockes kann man an dreissig Blättchen zählen, auf deren beiden Flächen sich die Eier in Säckchen (den sogenannten Follikeln) entwickeln, aus denen sie erst nach vollständiger Reife in die

Fig. 44. Eierstock eines ausgelaichten Lachsweibchens im März.
Natürliche Grösse.

*f* Eierstockhülle. — *t* Eierstocklappen. —
*k* Ei in der Hülle — *o* Reifes Ei. — *o'* Eier
für die nächste Brutzeit. — *o''* Eier dritter
Grösse eventuell für eine zweitnächste
Brutzeit.

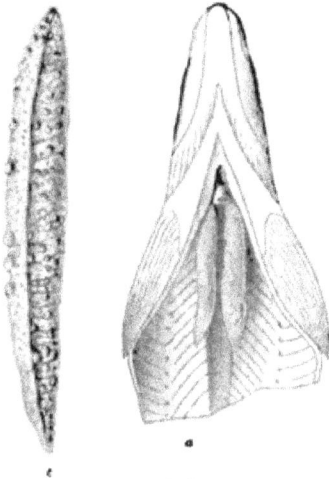

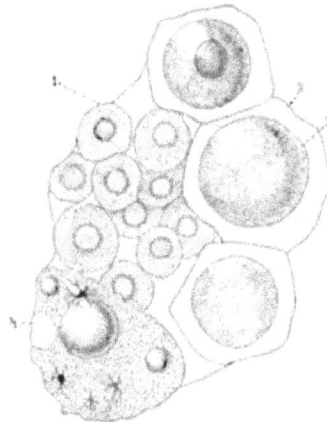

Fig. 43. Anatomie des weiblichen 2jährigen
Salmlings.
*a* Vorderhälfte mit den beiden Eierstöcken im
October. Natürl. Grösse. — *b* Die beiden Eierstöcke isolirt in natürl. Lage. — *c* Ein Eierstock vergrössert.

Bauchhöhle fallen. Dessen müssen Fischzüchter wohl bewusst sein, denn ein mit
Gewalt aus dem Follikel gedrücktes Ei,
ist nicht zur Befruchtung geeignet.

Von besonderem Interesse für die
Biologie des Lachses ist die Beschaffenheit des Eierstockes bei abgelaichten
Fischen, denn diese muss zur Lösung
der Frage dienen, wie vielmal der Lachs
laicht. Betrachten wir den Eierstock
nach der Laichzeit etwa im März, so
gewahren wir noch einzelne reife in
Follikeln eingeschlossene Eier, die nicht

Fig. 45. Partie aus dem Eierstocke eines
abgelaichten Weibchens Ende Mai.
1. Eier der dritten Generation. — 2, 3. Follikel
des Eies der zweiten Generation. — 4. Follikel
des abgelegten Eies der ersten Generation mit
Pigmentzellen und Fetttropfen. Vergr. 40mal.

abgelegt wurden. (Fig. 44. *h*.) Dieselben sind weich und in Lösung begriffen,
woraus Prof. Mischer Ruisch schliesst, dass sie zur Ernährung des Organismus,
zur Stärkung für die Reise nach dem Meere verwendet werden. Ausserdem findet
man aber in den Blättern des Eierstockes noch zwei Categorien verschieden grosser
unreifer Eier, von denen die grösseren 2 mm (Fig. 44. *o'*), die kleineren $\frac{1}{2}$ mm

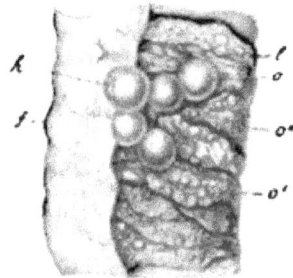

Durchmesser haben (*o'''*). Dies dürfte darauf hindeuten, dass dieser Lachs bestimmt wäre, wenigstens noch zweimal zu laichen.

Noch belehrender ist ein im Mai untersuchter abgelaichter Eierstock. Wir sehen kleine Eier (Fig. 45. *1.*), dann dreimal so grosse in Follikeln (*2, 3*) und einen leeren pigmentirten Follikel (*4*), in welchem von aufgelöstem Ei nur noch Oeltropfen übrig sind.

Die Zunahme der Grösse der Eier vom Feber bis November ist aus nachstehender Tabelle ersichtlich:

| Monat | Grösse des Eies | Gewicht der beiden Eierstöcke bei mittelgrossen Fischen |
|---|---|---|
| Feber | 1·5 mm | 39—55 Gr. |
| März | 2·0 „ | 39—42 „ |
| April | 2·0 „ | 85—115 „ |
| Mai | 2·5 „ | 89—124 „ |
| Juni | 3·0 „ | 66—143 „ |
| Juli | 3·25 „ | 205 „ |
| August | 3·50 „ | — „ |
| September | 4·50 „ | 466—880 „ |
| October | 5·50 „ | 930—1·257 „ |
| November | 6·25 „ | 888—910 „ theilweise abgelaicht |

Bei dem vollen Novemberlachse (vergl. pag. 57) wogen die Eierstöcke 55 gr.

Wenn das Lachsweibchen kein Männchen findet, so lässt es die Eier nicht abgehen. Ein solches am 27. März gefangenes Weibchen von 87 cm Länge und 4 Kilo Gewicht hatte 575 gr. Eier in der Bauchhöhle. Die allzulange Gegenwart der Eier in der Bauchhöhle wirkt schädlich auf die übrigen Organe. Auf der Speiseröhre waren runde blutige Flecken vom Drucke der Eier entstanden, auf der Leber und auf der Muskulatur der Bauchwände waren tiefe Grübchen durch die Eier entstanden. Auch die gelbliche (icterische) Färbung des ganzen Fisches mag von dem Drucke herrühren, den die Eier auf die Leber ausübten.

Die Eier waren weich von einer hellen gelben durchsichtigen Flüssigkeit erfüllt und nur zu einer Seite lag eine kleine Scheibe von dottergelben Tropfen. Die Eier wurden bei Contact mit dem Wasser gleich milchig trübe.

Bei der Zusammenstellung der aufgesammelten Daten kam ich zur Ueberzeugung, dass dieselben sehr unvollständig sind, was theils mit den sehr geringen Mitteln, die zur Disposition waren, zusammenhängt, theils durch den Umstand erklärlich ist, dass nur wenig Zeit den unentgeltlich vorgenommenen Untersuchungen gewidmet werden konnte.

Die Naturgeschichte des Lachses würde es aber wohl verdienen, dass sich derselben eine gediegene Kraft ausschliesslich widmen könnte, welche, gehörig honorirt, auch über genügende Mittel zur Beschaffung des theueren Materials, sowie zu Reisen disponiren könnte. Dann würden die nach mehrjährigen Arbeiten veröffentlichten Resultate mehr bieten als dies in vorangehendem möglich war.

Zum Schlusse danke ich noch meinen Assistenten Prof. Gregor und Dr. V. Vávra für die ausgiebige Hilfe, welche Sie mir bei diesen schwierigen und ermüdenden Untersuchungen leisteten.

—

# Parasiten des Elbelachses.

Während der anatomischen Untersuchungen trafen wir verschiedene Parasiten auf und im Körper des Lachses, von welchen wir Notizen über Zeit und Ort des Vorkommens, meist auch flüchtige Skizzen und microskopische Präparate machten.

Bevor wir zur definitiven Bearbeitung des aufgesammelten Materials schreiten konnten, erschien eine Abhandlung über die Parasitenfauna des Rheinlachses von Prof. Zschokke,*) in welcher zwanzig Arten angeführt werden. Auf unser Ansuchen war Prof. Zschokke so gütig, unsere Zeichnungen und Präparate zu revidieren und zu bestimmen, wofür wir Ihm den besten Dank aussprechen.

In nachfolgendem beschränken wir uns auf die Aufzählung und Abbildung der am häufigsten vorkommenden Arten bloss um den Laien auf diese mit den Lebensverhältnissen des Lachses im innigen Zusammenhang stehenden interessanten Thiere aufmerksam zu machen.

Von äusseren Parasiten kommt bei uns auf dem Lachse regelmässig nur die **Lachslaus Argulus Coregoni** vor. (Fig. 46.)

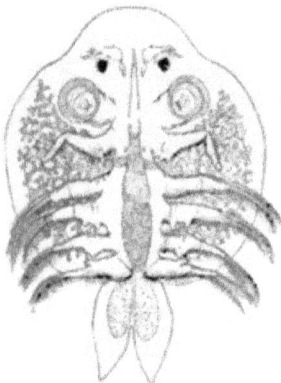

Fig. 46. Argulus Coregoni.
Männchen von unten, 6mal vergrössert nach Prof. Klapálek.

Die Lachslaus gehört zu den spaltfüssigen Krebsen, bei der die zwei Anhänge des Fusses zum Schwimmen eingerichtet sind. Vor den Augen stehen zwei Paar Fühler und eine Extremität ist zu scheibenförmigen Saugnäpfen umgebildet. Zwischen den Saugnäpfen liegt ein röhrenförmiger Apparat. Der Darmcanal ist im Körper baumförmig verzweigt. Das Männchen hat die Geschlechtsdrüsen in den Schwanzlappen. Bei dem Weibchen sieht man hinter dem letzten Fusspaar zwei dunkle Samenbehälter.

Diese Art lebt bei uns in kleinen Exemplaren an Forellen in den Gebirgsbächen z. B. bei Karlsbad und die Lachslaus scheint nur eine grössere Varietät derselben zu sein. (Am Karpfen lebt bei uns häufig eine andere Art, die Karpfenlaus A. foliaceus.)

An den aus dem Meere angekommenen Lachsen wurde sie bisher nicht gefunden und erst in den wärmeren Monaten namentlich im Juni und Juli wird sie auf den Flossen und hie und da am Körper

---

*) Centralblatt für Bakteriologie und Parasitenkunde 1891, Nro. 21.

angetroffen, und zwar zu 1 bis 6, 12 bis 17 Stück auf einem Fische. An einem Exemplare, das im October bei niedrigem Wasserstande unter dem Wehre bei der Franz Josephs Brücke in Prag gefangen wurde, fand ich über 60 Exemplare. Es ist wahrscheinlich, dass der Lachs erst bei uns an den Plätzen, wo er einlagert, von diesem Parasiten überfallen wird, welcher im Winter im Flusse frei leben wird und den aus dem Meere kommenden Lachs abwartet. Ich fand die Lachslaus sowohl an den aus der Moldau sowie aus der Elbe stammenden Lachsen.

Fig. 47. Die Lachshörnerlaus, Lernaeopoda salmonea Blainw.

Während des Aufenthaltes im Meere wird der Lachs noch von einem anderen parasitischen Krebs der **Lachshörnerlaus** (Lerneopoda salmonea Blainw Fig. 47.) heimgesucht, welche sich an den Kiemen festsetzt. Dieselben wurden nur zweimal, von Fischern im November 1887 und im Feber 1891 gefunden; ich bin aber nicht sicher, ob sie vom Elbelachs oder einem Ostseelachse herrührten. Ausnahmsweise fand ich auf dem Lachse auch den Fischegel Piscicola geometra.

Von inneren Parasiten wurden folgende Arten beobachtet:

**Der Lachsbandwurm**, Bothriocephalus infundibuliformis Rud. (B. proboscideus Rud.) Fig. 48. — Eine häufige Erscheinung in den pylorischen Anhängen von wo er bis in den Darm weit nach hinten reicht.

Dieser Bandwurm hat am Kopfe zwei seitliche Gruben und erreicht im Elbelachse die Länge von 173 cm, und zwar sind so grosse Exemplare, besonders im März zu finden. In den späteren Monaten kamen meist kleine Exemplare vor, sowohl in den pylorischen Anhängen (siehe Fig. 30.) als auch im eigentlichen Darme. Prof. Zschokke beobachtete am Rheinlachse, dass diese Parasiten sich während des längeren Aufenthaltes des Lachses im Süsswasser, verlieren. Jedenfalls scheint der Lachsbandwurm im Meere mit der Nahrung in den Lachs zu gelangen, denn in den bei uns lebenden Salmlingen wurde er nicht beobachtet.

**Vierhörniger Haifischbandwurm,** Tetrarrhynchus macrobothrius v. Sieb. (?) Fig. 49. — Von diesem Bandwurme finden sich im Elbelachse nur die Jugend-

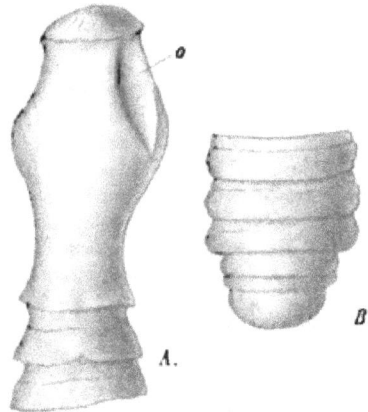

Fig. 48. Der Lachsbandwurm Bothriocephalus infundibuliformis Rud.

A Kopf mit den zwei seitlichen Gruben. — B Hinteres Ende des Wurmes.

stadien, welche erst zum geschlechtsreifen Bandwurme werden, wenn der Lachs während seines Aufenthaltes im Meere von einem Haifisch gefressen wird, in dessen Darme sich der Wurm mit den vier bedornten Fortsätzen festhält und gross wächst.

Wir fanden seine Jugendstadien in verschiedenen Graden der Ausbildung, theils sehr klein, eingekapselt in den Wandungen des Schlundes und des Magens (bis 8 Stück), theils eingekapselt auf der Leber und auch grosse, frei in der Leibeshöhle auf den Pylorusanhängen, welchen er in Form, Farbe und Grösse auffallend ähnlich sah.

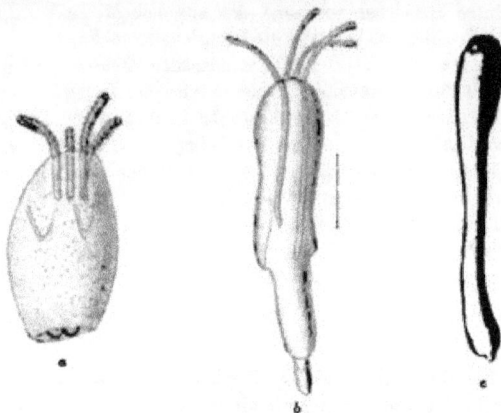

**Fig. 49. Jugendstadien des Haifischbandwurmes** (Tetrarrhynchus macrobothrium ?).
*a* Jüngstes Stadium aus einer Cyste des Magens eines abgelaichten Lachses. Vergr. 45mal. —
*b* Aelteres Stadium. Vergr. 6mal. — *c* Noch ältere Stadien auf den Pylorusanhängen in der Bauchhöhle angetroffen, in natürl. Grösse.

Es fanden sich Exemplare sowohl bei dem aus dem Meere angekommenen Lachse im März, sowie auch später und bei abgelaichten Lachsen. Nahmen wir Wunden im Magen wahr, dann konnten wir sicher sein, dass wir grössere Exemplare dieser Bandwurmlarven in der Bauchhöhle antreffen werden, welche aus den Cysten, in denen sie eingeschlossen waren, heraustraten, die Magenwand durchbohrten, um sich in der Bauchhöhle anzusiedeln.

**Die vielförmige Bandwurmlarve,** Scolex polymorphus Rud. Fig. 50. — Dies ist eine Bandwurmlarve mit vier Saugnäpfen und einem Scheitelorgan. Bei den Saugnäpfen ist rothes Pigment angehäuft. Sie wird in verschiedenen Entwickelungsstadien in den pylorischen Anhängen, im Dünndarm und im Rectrum, das ganze Jahr hindurch gefunden, ja sogar einmal auch im Salmling. (Juni, Elbeteinitz.)

Wo der geschlechtlich entwickelte Wurm lebt, ist ungewiss, aber wahrscheinlich ist es in einem der zahlreichen, im Meere dem Lachse auflauerden Thiere der Fall, im Seehund oder im Haifisch.

**Distomum varicum** Zed. Fig. 51. — Dieser mit zwei Saugnäpfen versehene kleine flache Wurm kömmt im Schleime der Speiseröhre des Dünn- und Dickdarmes vor. Wir fanden ihn vom April bis Juni. Ausserdem kamen noch mehrere Arten von Distomen im Lachse vor, zum Beispiel D. appendiculatum und D. Mischeri, Zschokke etc.

**Eingekapselter Spulwurm**, Agamonema capsularia Dies. Fig. 52. — Auf den Eingeweiden, dem Darm und der Leber findet man sehr häufig in Kapseln von etwa 1 cm Durchmesser einen spiral gewundenen Spulwurm, der noch nicht geschlechtlich entwickelt ist und wohl erst in einem Thiere, das die Gedärme des Lachses gefressen hat, gross wächst und reif wird (wahrscheinlich im Seehund).

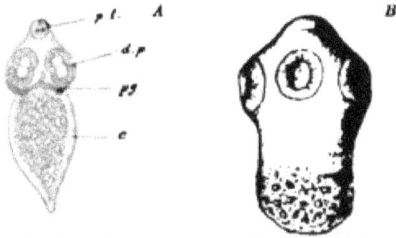

Fig. 50. Die vielförmige Bandwurmlarve Scolex polymorphus Rud.
A Nach dem lebenden Exemplar gezeichnet. — pt. Scheitelorgan. — dp Doppelte Saugnäpfe, deren es 4 gibt. — pg Rothes Pigment. — e Kalkkörnchen. Vergr. 175mal. — B Nach einem präparirten Exemplar gezeichnet. Vergrössert 200mal.

Fig. 52. Eingekapselter Spulwurm auf der Oberfläche des Darmes. Agamonema capsularia Dies. Nat. Gr.

Fig. 51. Distoma varicum Rud.
Aus dem Dünndarm des Lachses.
Vergrössert 40mal.

Dieses Geschöpf hat die Eigenschaft, ins Wasser gebracht bis 20 Tage am Leben zu bleiben, was darauf hindeuten würde, dass es in seinem Lebenslaufe darauf angewiesen wäre, einige Zeit frei im Wasser zu leben.

**Der Lachsspulwurm**, Ascaris clavata, Rud. Diesing Systema helminth. II., pag. 176—77. Revis. d. Nemat. pag. 664. — Ist ein kleiner Spulwurm, der bei uns selten im Darm sowohl des alten als des jungen Lachses vorkömmt.

**Der Lachskratzer**, Echinorrhynchus pachysomus Creplin. — Fand sich selten im Dünn- und Dickdarm des Lachses, einmal in der Bauchhöhle.

Parasiten des Salmlings. In Salmlingen wurde bloss **Scolex polymorphus**, **Distoma varicum** und **Ascaris clavata** nachgewiesen.

# Ueber fremde Lachse am Prager Markte und über die Zubereitung des Lachses.

Im Herbste, wo unser einheimische Lachs von Tag zu Tag an Geschmack abnimmt und im November und December fast ungeniessbar wird, werden auf dem Prager Fischmarkte fremde Lachse feilgeboten.

Der Rheinlachs (Fig. 53.), welcher schon im November aus dem Meere in den Rhein aufsteigt, ist in voller Kraft, hat schön rosenrothes Fleisch und ausgezeichneten Geschmack. Er steht im Preise von 4 bis 5 fl., ja sogar bis 9 fl. per Kilo. Seit der etwas gründlicheren Handhabung des Fischereigesetzes wird in Prag das Verbot des Lachsverkaufes vom 15. September bis letzten Jänner, auch auf den Rheinlachs bezogen, was ich für übertrieben halte, denn es ist wohl nicht schwer das schöne rothe Fleisch des Rheinlachses von dem blassen der einheimischen Laichlachse zu unterscheiden. Bloss die Besorgniss, dass unter dem Titel des Rheinlachses nicht unsere werthlosen Laichlachse verkauft werden möchten, erklärt das strenge Verbot des Lachsverkaufes überhaupt.

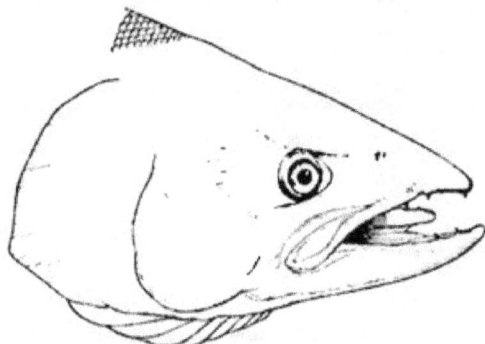

**Fig. 53. Kopf des Rheinlachses im Jänner. ½ natürl. Grösse.**

Der baltische Meereslachs. Dieser ist sehr fett, enthält im Magen Häringe und andere Fische, von denen er einen unangenehmen Geschmack annimmt. In den Wintermonaten wird er regelmässig in Hotels und bei Festmalen als Rheinlachs servirt, denn er steht viel niedriger im Preise 2 bis 3 fl.

Die Meerforelle (Fig. 53.), welche im Aussehen dem Lachse sehr ähnlich ist, kömmt unter dem Namen Silberlachs in den Handel. Man kann sie mit Sicherheit nur durch die Form der vorderen Vomerplatte, welche dreieckig ist (während sie bei dem Lachse fünfeckig ist) unterscheiden. Sonst ist sie kenntlich durch den kürzeren Kopf und kräftigere Zähne.

Schwedische Lachse (Wernerlachse) kommen zur Zeit, wo grosse Noth um Lachse ist, auch auf den Prager Markt; ich hatte aber nicht Gelegenheit, dieselben näher zu untersuchen.

Fremde Laichlachse erschienen in den letzten Jahren im Herbst auch bei uns aus Sachsen und Galizien eingesandt und bei Delicatessenhändlern lagen oft an den Querschnitten voll grosser Eier strotzende Exemplare, ohne dass es jemandem eingefallen wäre, dieselben zu beanständen.

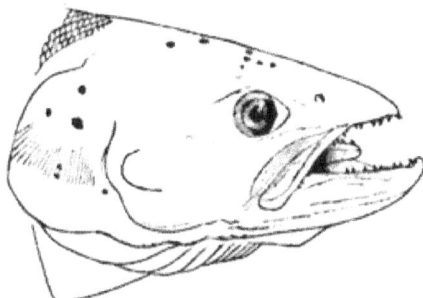

**Fig. 64. Kopf der Meerforelle (Silberlachs) im Dezember. ¹/₂ natürl. Grösse.**

Ueber die Frage, ob der Rheinlachs oder der Elbelachs besser im Fleischgeschmacke sind, wird öfters gestritten. Dies hängt aber sehr viel davon ab, wann und wie er zubereitet wird.

Bei frisch aus dem Meere angekommenen Fischen, kann zwischen Rhein- und Elbelachs in der Qualität des Fleiches bei gleicher Zubereitung kein erheblicher Unterschied bestehen. Je länger beide Fische im Flusse verbleiben, desto mehr nimmt allmählig bei dem anhaltenden Fasten der Wohlgeschmack ab. Der Elbelachs ist bis zum Juli gut, dann nimmt er an Geschmack ab, im October vor dem Ablaichen ist er noch geniessbar, im November und Dezember sowie bis zur Zeit seiner Rückkehr nach dem Meere kaum der Zubereitung werth.

Die Zubereitung betreffend, behält er im gesalzenen Wasser gekocht, dann abgeschmalzen zwar seinen charakteristischen Geschmack, aber er ist wohl gute Nahrung aber keine Delicatesse. Dies wird das Lachsfleisch erst, wenn es zu ¹/₂ in Wasser, zu ¹/₂ in weissem Wein mit Zusatz von etwas Butter, Citronensaft, Kappern und Citronenrinde gekocht und dann mit sehr guter Butter begossen wird.

Aus vorstehendem ersah man schon, dass der Lachs zur rechten Zeit gefangen worden sein muss, aber es ist noch rathsam, denselben nicht allzufrisch zuzubereiten, denn wenn er einige Tage am Eise gelegen ist, wird das Fleisch zarter. Die 3 cm starken Schnitte werden eingesalzen, 1 bis 2 Stunden stehen gelassen, dann in einer Lage nebeneinander eine ¹/₄ Stunde gekocht. Marinirten Lachs erhebt französische Estragonmayonnese dann zum Produkt höherer Kochkunst.

# Ueber die Zukunft des Elbelachses.

Nachdem ich mich an 25 Jahre mit der Naturgeschichte des Elbelachses beschäftigt und manches zu seiner Erhaltung und Vermehrung versucht habe, tritt nun an mich die Frage heran: Was ist das Schicksal des Lachses in der Zukunft? Ohne Zuthun des Menschen durch Zucht und Schonung und bei steter Zunahme der dem Lachse schädlichen Einflüsse, wäre das gänzliche Aussterben des Elbelachses nur eine Frage der Zeit.

Was der Mensch bei den bestehenden Verhältnissen für die Erhaltung und Vermehrung dieses schönsten und wichtigsten unserer Fische thun könnte und sollte, lässt sich in folgenden Sätzen ausdrücken:

1. Errichtung von Schonrevieren an den zwei wichtigsten Laichgegenden des Lachses: am Wattawaflusse von Horaždovic aufwärts bis in den Böhmerwald und an der Wilden Adler von Littic an bis zur Landesgrenze. An diesen zwei Flussstrecken soll das Fischereirecht auf Rechnung des Landes abgelöst und dann namentlich im Herbste während der Laichzeit des Lachses streng bewacht werden.

2. Strenges Verbot des Fanges der Salmlinge namentlich in der Gegend von Schüttenhofen aufwärts. Verbot des Kaufes und Verkaufes derselben.

3. Strenge Bestrafung des Fanges, Verkaufs und Kaufs der Laichlachse vom October bis Dezember.

4. Alljährliche Besetzung der Quellgebiete der Flüsse mit 1,500.000 bis 2,000.000 Lachsbrut.

5. Vertilgung der Seehunde an der Elbemündung.

6. Abschaffung der Streethammnetze bei Hamburg.

7. Verbot der Anlegung von Cellulose-Fabriken im Quellgebiet der Wattawa und der Wilden Adler.

8. Creirung des Amtes eines ständigen Fischereiinspectors, dem die Pflege der genauen Handhabung des Fischereigesetzes als Hauptaufgabe zugetheilt wäre und der um die Lachsfrage speciell zu sorgen hätte.

# INHALT.

----------◆◆◆----------

Als Ergänzung der vorstehenden Abhandlung ist zu betrachten:

## Die Fischereikarte des Königreiches Böhmen

nebst erläuterndem Text.

Prag 1888. In Commission von Fr. Řivnáč.

Dieselbe enthält die Darstellung der Vertheilung der verschiedenen Fische in den Flüssen und Bächen, die Bezeichnung der vom Salmling bewohnten Flusspartien sowie die Vertheilung der Lachsbrutanstalten.

**Preis 3 fl.**

www.ingramcontent.com/pod-product-compliance
Lightning Source LLC
Chambersburg PA
CBHW021823190326
41518CB00007B/716